大家小书

拙
匠
随
笔

梁思成 著 林洙 编

北京出版集团公司
北京出版社

图书在版编目（CIP）数据

拙匠随笔 / 梁思成著；林洙编. — 北京：北京出版社，2016.7
（大家小书）
ISBN 978-7-200-12006-6

Ⅰ. ①拙… Ⅱ. ①梁… ②林… Ⅲ. ①建筑学—基本知识 Ⅳ. ①TU

中国版本图书馆CIP数据核字（2016）第064958号

总策划：安 东 高立志 责任编辑：王忠波

· 大家小书 ·

拙匠随笔

ZHUOJIANG SUIBI

梁思成 著 林洙 编

*

北 京 出 版 集 团 公 司
北 京 出 版 社 出版
（北京北三环中路6号 邮政编码：100120）
网 址：www.bph.com.cn
北京出版集团公司总发行
新 华 书 店 经 销
北京华联印刷有限公司印刷

*

880毫米×1230毫米 32开本 9.625印张 164千字
2016年7月第1版 2022年11月第4次印刷
ISBN 978-7-200-12006-6
定价：36.00元
质量监督电话：010-58572393

序　言

袁行霈

　　"大家小书"，是一个很俏皮的名称。此所谓"大家"，包括两方面的含义：一、书的作者是大家；二、书是写给大家看的，是大家的读物。所谓"小书"者，只是就其篇幅而言，篇幅显得小一些罢了。若论学术性则不但不轻，有些倒是相当重。其实，篇幅大小也是相对的，一部书十万字，在今天的印刷条件下，似乎算小书，若在老子、孔子的时代，又何尝就小呢？

　　编辑这套丛书，有一个用意就是节省读者的时间，让读者在较短的时间内获得较多的知识。在信息爆炸的时代，人们要学的东西太多了。补习，遂成为经常的需要。如果不善于补习，东抓一把，西抓一把，今天补这，明天补那，效果未必很好。如果把读书当成吃补药，还会失去读书时应有的那份从容和快乐。这套丛书每本的篇幅都小，读者即使细细地阅读慢慢地体味，也花不了多少时间，可以充分享受读书的乐趣。如果把它们当成补药来吃也行，剂量小，吃起来方便，消化起来也容易。

我们还有一个用意，就是想做一点文化积累的工作。把那些经过时间考验的、读者认同的著作，搜集到一起印刷出版，使之不至于泯没。有些书曾经畅销一时，但现在已经不容易得到；有些书当时或许没有引起很多人注意，但时间证明它们价值不菲。这两类书都需要挖掘出来，让它们重现光芒。科技类的图书偏重实用，一过时就不会有太多读者了，除了研究科技史的人还要用到之外。人文科学则不然，有许多书是常读常新的。然而，这套丛书也不都是旧书的重版，我们也想请一些著名的学者新写一些学术性和普及性兼备的小书，以满足读者日益增长的需求。

"大家小书"的开本不大，读者可以揣进衣兜里，随时随地掏出来读上几页。在路边等人的时候，在排队买戏票的时候，在车上、在公园里，都可以读。这样的读者多了，会为社会增添一些文化的色彩和学习的气氛，岂不是一件好事吗？

"大家小书"出版在即，出版社同志命我撰序说明原委。既然这套丛书标示书之小，序言当然也应以短小为宜。该说的都说了，就此搁笔吧。

《拙匠随笔》的随笔 *

吴良镛

前些年，有位年迈的国外建筑学者对我说，他由于年龄关系，具体的业务少了，致力于为某报建筑论坛专栏写稿。他发现，这类文章读者多，社会影响大，超过一般学术论文，他对自己新"领域"的开拓，欣然自得，信心甚足。当时，我只一听而过，并未去多想。

尔后，在编纂《梁思成文集》时，看到梁先生晚年的文章，特别是重读《拙匠随笔》之后，仍深有启发。文章不长，深入浅出，言之有物，立论清新。这些文章在当时就受到社会注意，我记得梁先生告诉过我，某日在机场，会到周恩来总理，因为各有不同的客人，还是总理发现了他，从他身后走上

---

　　* 此文是清华大学吴良镛教授应《建设报》之约，于1987年撰写的。后来，因《建设报》一直未辟"拙匠随笔"专栏，此文亦未发表。兹作为导读编入本书。——编者

来，拍拍他的肩膀说："你的《建筑师是怎样工作的？》一文，我看了，写得很好！这类文章，以后不妨多写。提高人们对建筑的认识。"其实不止周总理看了很欣赏，其他如《千篇一律与千变万化》一文浅释统一变化规律，给予我们建筑教师的印象也是很深的，并常为人所引用。重读之余，我倒想起前面所说的那位国外建筑师的话来，我深感建筑是社会事业，它是为广大群众服务的，也要求社会对建筑的广泛了解和支持。从这个意义上讲，加强对建筑的介绍与评论，目的就很明显了。

梁先生当时列了一张单子，计划先写10篇，每篇有一个主题，从建筑是什么开篇，内容也少不了一些典故，题目甚至来一点噱头。例如《从"燕用"——不祥的谶语说起》一文，从宋代汴京的建设与金中都建设，将开封的一些宫殿建筑构件搬到北京来，说到装配式建筑与近代建筑施工等，以几件具体的事看建筑发展之线索。梁先生说"题目新颖，人家一见就要看下去"，实际效果也正是如此。

"随笔"所写，都是他长期思考的问题，说古论今，旁征博引，写起来却一气呵成。他重视插图，都是亲自动手画，像颐和园长廊一幅，一再更改，画完颇为得意，可惜原稿遗失，《梁思成文集》所刊的是别人摹写（附带说一句，他还想自己专为青少年描画一本中国建筑发展的"小人书"，也是出于普及建筑文化的用意，但未能实现）。这建筑随笔的写出，是他以火炽的热情，阐述建筑科学及建筑艺术的重要性的又一努力。可惜像这样的学术小品后来也和《燕山夜话》的下场一样，中途停顿、窒息了。

　　这些年来，讨论建筑的随笔杂文之类的文章多了起来，老年专家如张开济、陈从周先生等就写了不少雅俗共赏的随笔，吸引不少晚报的读者。中青年专家也陆续涌出，这是建筑思想活跃的表现，对推动学术讨论，普及提高中国建筑科学与艺术水平作用很大。"人民城市人民建"，人民城市为人民，人民是城乡的主人，我们应当努力创造各种条件，将我们的服务对象——城乡的主人，对建筑的积极性创造性发挥出来。《建设报》的编者有鉴于此，拟恢复"拙匠随笔"专栏，既是"拙匠"随笔，当然还是由"匠人"来写，只是从一家发展到百家，从一位老年的建筑工作者个人孜孜奋战，发展为老中青参加的建筑论坛与普及建筑科学园地，这是饶有意义的。编者要我开篇，爰将梁先生撰文经过，及我所想附记于上。我的文章一写就长，这是不足为训的。

1987年7月25日

于中东上空

目　录

上编　拙匠随笔

拙匠随笔（一）

建筑⊂（社会科学∪技术科学∪美术）[*]

常常有人把建筑和土木工程混淆起来，以为凡是土木工程都是建筑。也有很多人以为建筑仅仅是一种艺术。还有一种看法说建筑是工程和艺术的结合，但把这艺术看成将工程美化的艺术，如同舞台上把一个演员化装起来那样。这些理解都是不全面的，不正确的。

2000年前，罗马的一位建筑理论家维特鲁维斯（Vitruvius）曾经指出：建筑的三要素是适用、坚固、美观。从古以来，任何人盖房子都必首先有一个明确的目的，是为了满足生产或生活中某一特定的需要。房屋必须具有与它的需要相适应的坚固性。在这两个前提下，它还必须美观。必须三者俱备，才够得

---

　　* 高等数学用的符号：⊂——被包含于，∪——结合。本文原载1962年4月8日《人民日报》。

上是一座好建筑。

适用是人类进行建筑活动和一切创造性劳动的首要要求。从单纯的适用观点来说，一件工具、器皿或者机器，例如一个能用来喝水的杯子，一台能拉2500吨货物、每小时跑80～120公里的机车，就都算满足了某一特定的需要，解决了适用的问题。但是人们对于建筑的适用的要求却是层出不穷，十分多样化而复杂的。比方说，住宅建筑应该说是建筑类型中比较简单的课题了，然而在住宅设计中，除了许多满足饮食起居等生理方面的需要外，还有许多社会性的问题。例如这个家庭的人口数和辈分（一代、两代或者三代乃至四代），子女的性别和年龄（幼年子女可以住在一起，但到了十二三岁，儿子和女儿就需要分住），往往都是在不断发展改变着。生老病死，男婚女嫁，如何使一所住宅能够适应这种不断改变着的需要，就是一个极难尽满人意的难题。又如一位大学教授的住宅就需要一间可以放很多书架的安静的书斋，而一位电焊工人就不一定有此需要。仅仅满足了吃饭、睡觉等问题，而不解决这些社会性的问题，一所住宅就不是一所适用的住宅。

至于生产性的建筑，它的适用问题主要由工艺操作过程来决定。它必须有适合于操作需要的车间；而车间与车间的关系则需要适合于工序的要求。但是既有厂房，就必有行政管理的办公楼，它们之间必然有一定的联系。办公楼里面，又必然要按企业机构的组织形式和行政管理系统安排各种房间。既有工厂，就有工人、职员，就必须建造职工住宅（往往是成千上万的工人），形成成街成坊成片的住宅区。既有成千上万的工人，就必然有各种人数、辈分、年龄不同的家庭结构。既有住宅区，就必然有各种商店、服务业、医疗、文娱、学校、幼托机构等等的配套问题。当一系列这类问题提到设计任务书上来的时候，一个建筑设计人员就不得不做一番社会调查研究的工作了。

推而广之，当成千上万座房屋聚集在一起而形成一个城市的时候，从一个城市的角度来说，就必须合理布置全市的工业企业、各级行政机构，以及全市居住、服务、教育、文娱、医卫、供应等等建筑。还有由于解决这千千万万的建筑之间的交通运输的街道系统和市政建设等问题，以及城市街道与市际交通的铁路、公路、水路、空运等衔接联系的问题。这一切都必须全面综合地予以考虑，并且还要考虑到城市在今后10年、20年乃至四五十年间的发展。这样，建筑工作就必须根据国家的社会制度、国民经济发展的计划，结合本城市的自然环境——地理、地形、地质、水文、气候等等和整个城市人口的社会分析来进行工作。这时候，建筑师就必须在一定程度上成为一位社会科学（包括政治经济学）家了。

一个建筑师解决这些问题的手段就是他所掌握的科学技术。对一座建筑来说，当他全面综合地研究了一座建筑物各方面的需要和它的自然环境和社会环境（在城市中什么地区，左邻右舍是些什么房屋）之后，他就按照他所能掌握的资金和材料，确定一座建筑物内部各个房间的面积、体积，予以合理安排。不言而喻，各个房间与房间之间，分隔与联系之间，都是充满了矛盾的。他必须求得矛盾的统一，使整座建筑能最大限度地满足适用的要求，提出设计方案。

其次，方案必须经过结构设计，用各种材料建成一座座具体的建筑物。这项工作，在古代是比较简单的。从上古到19世纪中叶，人类所掌握的建筑材料无非就是砖、瓦、木、灰、砂、石。房屋本身也仅仅是一个"上栋下宇，以蔽风雨"的"壳子"。建筑工种主要也只有木工、泥瓦工、石工3种。但是今天情形就大不相同了。除了砖、瓦、木、灰、砂、石之外，我们已经有了钢铁、钢筋混凝土、各种合金，乃至各种胶合料、塑料等等新的建筑材料，以及与之同来的新结构、新技术。而建筑物本身内部还多出了许多"五脏六腑，筋络管道"，有"血脉"，有"气管"，有"神经"，有"小肠""大肠"等等。它的内部机电设备——采暖、通风、给水、排水、电灯、电话、电梯、空气调节（冷风、热风）、扩音系统等等，都各是一门专门的技术科学，各有其工种，各有其管道线路系统。它们之间又是充满了矛盾的。这一切都必须各得其所地妥善安排起来。今天的建筑工作的复杂性绝不是古代的匠师们所能想象的。但是我们必须运用这一切才能满足越来越多、越来越高的各种适用上的要求。

因此，建筑是一门技术科学——更准确地说，是许多门技术科学的综合产物。这些问题都必须全面综合地从工程、技术上予以解决。打个比喻，建筑师的工作就和作战时的参谋本部的工作有点类似。

到这里，他的工作还没有完。一座房屋既然建造起来，就是一个有体有形的东西，因而就必然有一个美观的问题。它的美观问题是客观存在的。因此，人们对建筑就必然有一个美的要求。事实是，在人们进入一座房屋之前，在他意识到它适用与否之前，他的第一个印象就是它的外表的形象：美或丑。这和我们第一次认识一个生人的观感的过程是类似的。但是，一个人是活的，除去他的姿容、服饰之外，更重要的还有他的品质、性格、风格等。他可以其貌不扬、不修边幅而无损于他的内在的美。但一座建筑物却不同，尽管它既适用又坚固，人们却还要求它是美丽的。

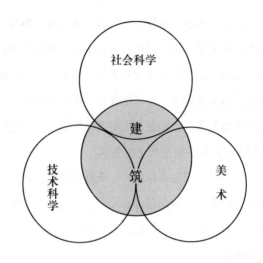

因此，一个建筑师必须同时是一个美术家。因此，建筑创作的过程，除了要从社会科学的角度分析并认识适用的问题，用技术科学来坚固、经济地实现一座座建筑以解决这适用的问题外，还必须同时从艺术的角度解决美观的问题。这也是一个艺术创作的过程。

必须明确，这3个问题不是应该分别各个孤立地考虑解决的，而是应该从一开始就综合考虑的。同时也必须明确，适用和坚固、经济的问题是主要的，而美观是从属的、派生的。

从学科的配合来看，我们可以得出这样一个公式：建筑 ⊂（社会科学 ∪ 技术科学 ∪ 美术）。也可以用上述图表达出

拙匠随笔

来。这就是我对党的建筑方针——适用、经济，在可能条件下注意美观——如何具体化的学科分析。

　　附注：关于建筑的艺术问题，请参阅1961年7月26日《人民日报》拙著。

拙匠随笔（二）

建筑师是怎样工作的？ *

上次谈到建筑作为一门学科的综合性，有人就问："那么，一个建筑师具体地又怎样进行设计工作呢？"多年来就不断地有人这样问过。

首先应当明确建筑师的职责范围。概括地说，他的职责就是按任务提出的具体要求，设计最适用，最经济，符合于任务要求的坚固度而又尽可能美观的建筑；在施工过程中，检查并监督工程的进度和质量。工程竣工后还要参加验收的工作。现在主要谈谈设计的具体工作。

设计首先是用草图的形式将设计方案表达出来。如同绘画的创作一样，设计人必须"意在笔先"。但是这个"意"不像画家的"意"那样只是一种意境和构图的构思（对不起，画

＊本文原载1962年4月9日《人民日报》。

拙匠随笔

家同志们，我有点简单化了），而需要有充分的具体资料和科学根据。他必须先做大量的调查研究，而且还要"体验生活"。所谓"生活"，主要的固然是人的生活，但在一些生产性建筑的设计中，他还需要"体验"一些高炉、车床、机器等等的"生活"。他的立意必须受到自然条件，各种材料技术条件，城市（或乡村）环境，人力、财力、物力以及国家和地方的各种方针、政策、规范、定额、指标等等的限制。有时他简直是在极其苛刻的羁绊下进行创作。不言而喻，这一切之间必然充满了矛盾。建筑师"立意"的第一步就是掌握这些情况，统一它们之间的矛盾。

具体地说：他首先要从适用的要求下手，按照设计任务书提出的要求，拟定各种房间的面积、体积。房间各有不同用途，必须分隔；但彼此之间又必然有一定的关系，必须联系。因此必须全面综合考虑，合理安排——在分隔之中求得联系，在联系之中求得分隔。这种安排很像摆"七巧板"。

什么叫合理安排呢？举一个不合理的（有点夸张到极端化的）例子。假使有一座北京旧式5开间的平房，分配给一家人用。这家人需要客厅、餐厅、卧室、卫生间、厨房各一间。假使把这五间房间这样安排：

可以想象，住起来多么不方便！客人来了要通过卧室才走

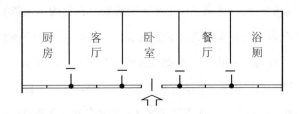

进客厅；买来柴米油盐鱼肉蔬菜也要通过卧室、客厅才进厨房；开饭又要端着菜饭走过客厅、卧室才到餐厅，半夜起来要走过餐厅才能到卫生间解手！只有"饭前饭后要洗手"比较方便。假使改成以下这样，就比较方便合理了。

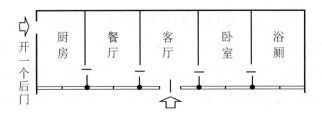

当一座房屋有十几、几十，乃至几百间房间都需要合理安排的时候，它们彼此之间的相互关系就更加多方面而错综复杂，更不能像我们利用这5间老式平房这样通过一间走进另一间，因而还要加上一些除了走路之外更无他用的走廊、楼梯之类的"交通面积"。房间的安排必须反映并适应组织系统或生

　　　　　　　　　　　　　拙匠随笔

产程序和生活的需要。这种安排有点像下棋，要使每一子、每一步都和别的棋子有机地联系着，息息相关；但又须有一定的灵活性以适应改作其他用途的可能。当然，"适用"的问题还有许多其他方面，如日照（朝向），避免城市噪音，通风等等，都要在房间布置安排上给予考虑。这叫作"平面布置"。

但是平面布置不能单纯从适用方面考虑。必须同时考虑到它的结构。房间有大小高低之不同，若完全由适用决定平面布置，势必有无数大小高低不同、参差错落的房间，建造时十分困难，外观必杂乱无章。一般地说，一座建筑物的外墙必须是一条直线（或曲线）或不多的几段直线。里面的隔断墙也必须按为数不太多的几种距离安排；楼上的墙必须砌在楼下的墙上或者一根梁上。这样，平面布置就必然会形成一个棋盘式的网格。即使有些位置上不用墙而用柱，柱的位置也必须像围棋子那样立在网格的"十"字交叉点上——不能使柱子像原始森林中的树那样随便乱长在任何位置上。这主要是由于承托楼板或屋顶的梁的长度不一致、长短参差不齐而决定的。这叫作"结构网"。

在考虑平面布置的时候，设计人就必须同时考虑到几种最能适应任务需求的房间尺寸的结构网。一方面必须把许多房间都"套进"这结构网的"框框"里；另一方面又要深入细致地从适用的要求以及建筑物外表形象的艺术效果上去选择，安排它的结构网。适用的考虑主要是对人，而结构的考虑则要在满足适用的大前提下，考虑各种材料技术的客观规律，要尽可能发挥其可能性而巧妙地利用其局限性。

事实上，一位建筑师是不会忘记他也是一位艺术家的"双重身份"的。在全面综合考虑并解决适用、坚固、经济、美

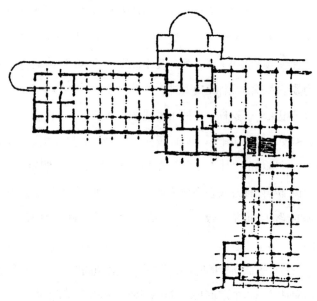

"结构网"示例（北京航空港部分平面）
"—·—·—"线就是一般看不见的"结构网"

拙匠随笔

观问题的同时，当前3个问题得到圆满解决的初步方案的时候，美观的问题，主要是建筑物的总的轮廓、姿态等问题，也应该基本上得到解决。

当然，一座建筑物的美观问题不仅在它的总轮廓，还有各部分和构件的权衡、比例、尺度、节奏、色彩、表质和装饰等等，犹如一个人除了总的体格身段之外，还有五官、四肢、皮肤等，对于他的美丑也有极大关系。建筑物的每一细节都应当从艺术的角度仔细推敲，犹如我们注意一个人的眼睛、眉毛、鼻子、嘴、手指、手腕等等。还有脸上是否要抹一点脂粉，眉毛是否要画一画，这一切都是要考虑的。在设计推敲的过程中，建筑师往往用许多外景、内部、全貌、局部、细节的立面图或透视图，素描或者着色，或用模型，作为自己研究推敲或者向业主说明他的设计意图的手段。

当然，在考虑这一切的同时，在整个构思的过程中，一个社会主义的建筑师还必须时时刻刻绝不离开经济的角度去考虑，除了"多、快、好"之外，还必须"省"。

一个方案往往是经过若干个不同方案的比较后决定下来的。我们首都的人民大会堂、革命历史博物馆、美术馆等方案就是这样决定的。决定下来之后，还必须要进一步深入分析、研究，经过多次重复修改，才能做最后定案。

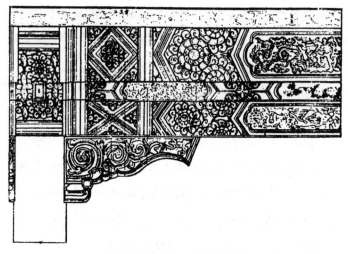

沥粉金琢墨石碾玉彩画（清式）

　　方案决定后，下一步就要做技术设计，由不同工种的工程师，首先是建筑师和结构工程师，以及其他各种——采暖、通风、照明、给水排水等设备工程师进行技术设计。在这阶段中，建筑物里里外外的一切，从房屋本身的高低、大小，每一梁、一柱、一墙、一门、一窗、一梯、一步、一花、一饰，到一切设备，都必须用准确的数字计算出来，画成图样。恼人的是，各种设备之间以及它们和结构之间往往是充满了矛盾的。许多管道线路往往会在墙壁里面或者顶棚上面"打架"，建筑师就必须会同各工种的工程师做"汇总"综合的工作，正

拙匠随笔

中国建筑中的几种窗格图案

确处理建筑内部矛盾的问题，一直到适用、结构、各种设备本身技术上的要求和它们的作用的充分发挥、施工的便利等方面都各得其所，互相配合，而不是互相妨碍、扯皮，然后绘制施工图。

施工图必须准确，注有详细尺寸。要使工人拿去就可以按图施工。施工图有如乐队的乐谱，有综合的总图，有如"总谱"；也有不同工种的图，有如不同乐器的"分谱"。它们必须协调、配合。详细具体内容就不必多讲了。

设计制图不是建筑师唯一的工作。他还要对一切材料、做法编写详细的"做法说明书"，说明某一部分必须用哪些哪些材料如何如何地做。他还要编订施工进度、施工组织、工料用量等等的初步估算，做出初步估价预算。必须根据这些文件，施工部门才能够做出准确的详细预算。

但是，他的设计工作还没有完。随着工程施工开始，他还需要配合施工进度，经常赶在进度之前，提供各种"详图"（当然，各工种也要及时地制出详图）。这些详图除了各部分的构造细节之外，还有里里外外大量细节（有时我们管它叫作"细部"）的艺术处理、艺术加工。有些比较复杂的结构、构造和艺术要求比较高的装饰性细节，还要用模型（有时是"足尺"模型）来作为"详图"的一种形式。在施工过程中，还可能临时发现由于设计中或施工中的一些疏忽或偏差而使结构"对不上头"或者"合不上口"的地方，这就需要临时修改设计。请不要见笑，这等窘境并不是完全可以避免的。

除了建筑物本身之外，周围环境的配合处理，如绿化和装

拙匠随笔

栏杆柱头四种（清式）

饰性的附属"小建筑"（灯杆、喷泉、条凳、花坛乃至一些小雕像等等）也是建筑师设计范围内的工作。

就一座建筑物来说，设计工作的范围和做法大致就是这样。建筑是一种全民性的，体积最大，形象显著，"寿命"极长的"创作"。谈谈我们的工作方法，也许可以有助于广大的建筑使用者，亦即6亿5000万"业主"更多地了解这一行道，更多地帮助我们，督促我们，鞭策我们。

千篇一律与千变万化 *

在艺术创作中，往往有一个重复和变化的问题：只有重复而无变化，作品就必然单调枯燥；只有变化而无重复，就容易陷于散漫零乱。在有"持续性"的作品中，这一问题特别重要。我所谓"持续性"，有些是时间的持续，有些是在空间转移的持续，但是由于作品或者观赏者由一个空间逐步转入另一空间，所以同时也具有时间的持续性，成为时间、空间的综合的持续。

音乐就是一种时间持续的艺术创作。我们往往可以听到在一首歌曲或者乐曲从头到尾持续的过程中，总有一些重复的乐句、乐段——或者完全相同，或者略有变化。作者通过这些重复而取得整首乐曲的统一性。

---

* 本文原载1962年5月20日《人民日报》。

音乐中的主题和变奏也是在时间持续的过程中，通过重复和变化而取得统一的另一例子。在舒伯特的《鳟鱼五重奏》中，我们可以听到持续贯穿全曲的、极其朴素明朗的"鳟鱼"主题和它的层出不穷的变奏。但是这些变奏又"万变不离其宗"——主题。水波涓涓的伴奏也不断地重复着，使你形象地看到几条鳟鱼在这片伴奏的"水"里悠然自得地游来游去嬉戏，从而使你"知鱼之乐"焉。

舞台上的艺术大多是时间与空间的综合持续。几乎所有的舞蹈都要将同一动作重复若干次，并且往往将动作的重复和音乐的重复结合起来，但在重复之中又给以相应的变化；通过这种重复与变化以突出某一种效果，表达出某一种思想感情。

在绘画的艺术处理上，有时也可以看到这一点。

宋朝画家张择端的《清明上河图》[①]是我们熟悉的名画。它的手卷的形式赋予它以空间、时间都很长的"持续性"。画家利用树木、船只、房屋，特别是那无尽的瓦垄的一些共同特征，重复排列，以取得几条街道（亦即画面）的统一性。当然，在重复之中同时还闪烁着无穷的变化。不同阶段的重点也螺旋式地变换着在画面上的位置，步步引人入胜。画家在你还

---

① 故宫博物院藏，文物出版社有复制本。

未意识到以前，就已经成功地以各式各样的重复把你的感受的方向控制住了。

宋朝名画家李公麟在他的《放牧图》[①]中对于重复性的运用就更加突出了。整幅手卷就是无数匹马的重复，就是一首乐曲，用"骑"和"马"分成几个"主题"和"变奏"的"乐章"。表示原野上低伏缓和的山坡的寥寥几笔线条和疏疏落落的几棵孤单的树就是它的"伴奏"。这种"伴奏"（背景）与主题间简繁的强烈对比也是画家惨淡经营的匠心所在。

上面所谈的那种重复与变化的统一在建筑物形象的艺术效果上起着极其重要的作用。古今中外的无数建筑，除去极少数例外，几乎都以重复运用各种构件或其他构成部分作为取得艺术效果的重要手段之一。

就举首都人民大会堂为例。它的艺术效果中一个最突出的因素就是那几十根柱子。虽然在不同的部位上，这一列和另一列柱子在高低大小上略有不同，但每一根柱子都是另一根柱子的完全相同的简单重复。至于其他门、窗、檐、额等等，也都是一个个依样葫芦。这种重复却是给予这座建筑以其统一性和雄伟气概的一个重要因素，是它的形象上最突出的特征之一。

---

①《人民画报》1961年第6期有这幅名画的复制品。

　　　　　　　　　　　拙匠随笔

历史中最杰出的一个例子是北京的明清故宫。从已被拆除了的中华门（大明门、大清门）开始就以一间接着一间，重复了又重复的千步廊一口气排列到天安门。从天安门到端门、午门又是一间间重复着的"千篇一律"的朝房。再进去，太和门和太和殿、中和殿、保和殿成为一组的"前三殿"与乾清门和乾清宫、交泰殿、坤宁宫成为一组的"后三殿"的大同小异的重复，就更像乐曲中的主题和变奏；每一座的本身也是许多构件和构成部分（乐句、乐段）的重复；而东西两侧的廊、庑、楼、门，又是比较低微的，以重复为主但亦有相当变化的"伴奏"。然而整个故宫，它的每一个组群，每一个殿、阁、廊、门却全部都是按照明清两朝工部的"工程做法"的统一规格、统一形式建造的，连彩画、雕饰也尽如此，都是无尽的重复。我们完全可以说它们"千篇一律"。

　　但是，谁能不感到，从天安门一步步走进去，就如同置身于一幅大"手卷"里漫步；在时间持续的同时，空间也连续着"流动"。那些殿堂、楼门、廊庑虽然制作方法千篇一律，然而每走几步，前瞻后顾，左睇右盼，那整个景色、轮廓、光影，却都在不断地改变着；一个接着一个新的画面出现在周围，千变万化。空间与时间，重复与变化的辩证统一在北京故宫中达到了最高的成就。

颐和园谐趣园绕池环览展开立面图

颐和园里的谐趣园，绕池环览整整360度周圈，也可以看到这点。

至于颐和园的长廊，可谓千篇一律之尤者也。然而正是那目之所及的无尽的重复，才给游人以那种只有它才能给人的特殊感受。大胆来个荒谬绝伦的设想：那800米长廊的几百根柱子，几百根梁枋，一根方，一根圆，一根八角，一根六角……一根肥，一根瘦，一根曲，一根直……一根木，一根石，一根铜，一根钢筋混凝土……一根红，一根绿，一根黄，一根蓝……一根素净无饰，一根高浮盘龙，一根浅雕卷草，一根彩绘团花……这样"千变万化"地排列过去，那长廊将成何景象？！

有人会问：那么走到长廊以前，乐寿堂临湖回廊墙上的花窗不是各具一格，千变万化的吗？是的，就回廊整体来说，这正是一个"大同小异"，大统一中的小变化的问题。既得花窗"小异"之谐趣，又无伤回廊"大同"之统一。且先以这样的花窗小小变化，作为廊柱无尽重复的"前奏"，也是一种"欲扬先抑"的手法。

拙匠随笔

翻开一部世界建筑史，凡是较优秀的个体建筑或者组群，一条街道或者一个广场，往往都以建筑物形象重复与变化的统一而取胜。说是千篇一律，却又千变万化。每一条街都是一轴"手卷"、一首"乐曲"。千篇一律和千变万化的统一在城市面貌上起着重要作用。

12年来，我们规划设计人员在全国各城市的建筑中，在这一点上做得还不能尽满人意。为了多快好省，我们做了大量标准设计，但是"好"中既也包括艺术的一面，就也"百花齐放"。我们有些住宅区的标准设计"千篇一律"到孩子哭着找不到家；有些街道又一幢房子一个样式、一个风格，互不和谐，即使它们本身各自都很美观，放在一起就都"损人"且不"利己"，"千变万化"到令人眼花缭乱。我们既要百花齐放，丰富多彩，又要避免杂乱无章，相互减色；既要和谐统一，全局完整，又要避免千篇一律，单调枯燥。这恼人的矛盾是建筑师们应该认真琢磨的问题。今天先把问题提出，下次再看看我国古代匠师，在当时条件下，是怎样统一这矛盾而取得故宫、颐和园那样的艺术效果的。

千变万化——颐和园长廊狂想曲

拙匠随笔（四）

从“燕用”——不祥的谶语说起[*]

传说宋朝汴（biàn）梁有一位巧匠，汴梁宫苑中的屏
扆（yǐ）、窗牖（yǒu），凡是他制作的，都刻上自己的姓
名——燕用。后来金人破汴京，把这些门、窗、隔扇、屏风等
搬到燕京（今北京），用于新建的宫殿中，因此后人说：“用
之于燕，名已先兆。”匠师在自己的作品上签名，竟成了不祥
的谶（chèn）语！

其实“燕用”的何止一些门、窗、隔扇、屏风？据说宋徽
宗赵佶“竭天下之富”营建汴梁宫苑，金人陷汴京，就把那一
座座宫殿“输来燕幽”。金燕京（后改称中都）的宫殿，有一
部分很可能是由汴梁搬来的。否则那些屏扆、窗牖，也难“用
之于燕”。

　＊本文原载1962年7月8日《人民日报》。

原来，中国传统的木结构是可以"搬家"的。今天在北京陶然亭公园，湖岸山坡上挺秀别致的叠韵楼是前几年我们从中南海搬去的。兴建三门峡水库的时候，我们也把水库淹没区内元朝建造的道观——永乐宫组群由山西芮城县永乐镇搬到四五十里外的龙泉村附近。

　　为什么千百年来，我们可以随意把一座座殿堂楼阁搬来搬去呢？用今天的术语来解释，就是因为中国的传统木结构采用的是一种"标准设计，预制构件，装配式施工"的"框架结构"，只要把那些装配起来的标准预制构件——柱、梁、枋、檩、门、窗、隔扇等等拆卸开来，搬到另一个地方，重新再装配起来，房屋就"搬家"了。

　　从前盖新房子，在所谓"上梁"的时候，往往可以看到双柱上贴着红纸对联："立柱适逢黄道日，上梁正遇紫微星"。这副对联正概括了我国世世代代匠师和人民对于房屋结构的基本概念。它说明：由于我国传统的结构方法是一种我们今天所称"框架结构"的方法——先用柱、梁搭成框架；在那些横梁直柱所形成的框框里，可以在需要的位置上，灵活地或者砌墙，或者开门开窗，或者安装隔扇，或者空敞着；上层楼板或者屋顶的重量，全部由框架的梁和柱负荷。可见柱、梁就是房屋的骨架，立柱上梁就成为整座房屋施工过程中极其重要的环节，所以需要挑一个"黄道吉日"，需要"正遇紫微星"的良辰。

从殷墟遗址看起，一直到历代无数的铜器和漆器的装饰图案、墓室、画像石、明器、雕刻、绘画和建筑实例，我们可以得出结论：这种框架结构的方法，在我国至少已有3000多年的历史了。

在漫长的发展过程中，世世代代的匠师衣钵相承，积累了极其丰富的经验。到了汉朝，这种结构方法已臻成熟；在全国范围内，不但已经形成了一个高度系统化的结构体系，而且在解决结构问题的同时，也用同样高度系统化的体系解决了艺术处理的问题。由于这种结构方法内在的可能性，匠师们很自然地就把设计、施工方法向标准化的方向推进，从而使得预制和装配有了可能。

至迟从唐代开始，历代的封建王朝，为了统一营建的等级制度，保证工程质量，便利工料计算，同时还为了保证建筑物的艺术效果，在这一结构体系下，都各自制订一套套的"法式""做法"之类。到今天，在我国浩如烟海的古籍遗产中，还可以看到两部全面阐述建筑设计、结构、施工的高度系统化的术书——北宋末年的《营造法式》①和清雍正年间的《工

①《营造法式》，商务印书馆1919年石印的手抄本；1925年仿宋重刊木。

部工程做法则例》①。此外，各地还有许多地方性的《鲁班经》《木经》之类。它们都是我们珍贵的遗产。

《营造法式》是北宋官家管理营建的"规范"。今天的流传本是"将作少监"李诫"奉敕（chì）"重新编修的，于哲宗元符三年（1100年）成书。全书34卷，内容包括"总释"、各"作"（共13种工种）的"制度"、"功限"（劳动定额）、"料例"和"图样"。在序言和"劄子"里，李诫说这书是"考阅旧章，稽参众智"、又"考究经史群书，并勒人匠逐一讲说"而编修成功的。在860多年前，李诫等不但能总结过去的"旧章"和"经史群书"的经验，而且能够"稽参"文人和工匠的"众智"，编写出这样一部具有相当高度系统性、科学性和实用性的技术书，的确是空前的。

从这部《营造法式》中，我们看到它除了能够比较全面综合地考虑到各作制度、料例、功限问题外，联系到上次"随笔"中谈到的重复与变化的问题，我们注意到它还同时极其巧妙地解决了装配式标准化预制构件中的艺术性问题。

《营造法式》中一切木结构的"制度""皆以材为祖。材有八等，度屋之大小，因而用之"。这"材"既是一种标准

---

① 《工部工程做法则例》，清雍正年间工部颁行本。

拙匠随笔

构材，同时各等材的断面的广（高度）厚（宽度）以及以材厚的1/10定出来的"分"又都是最基本的模数。"凡屋宇之高深，名物（构件）之短长，（屋顶的）曲直举折之势，规矩绳墨之宜，皆以所用材之分，以为制度焉。"从"制度"和宋代实例中看到，大至于整座建筑的平面、断面、立面的大比例、大尺寸，小至于一件件构件的艺术处理、曲线"卷杀"，都是以材分的相对比例而不是以绝对尺寸设计的。这就在很大程度上统一了宋代建筑在艺术形象上的独特风格的高度共同性。当然也应指出，有些构件，由于它们本身的特殊性质，是用实际尺寸规定的。这样，结构、施工和艺术的许多问题就都天衣无缝地统一解决了。同时我们也应注意到，"制度"中某些条文下也常有"随宜加减"的词句。在严格"制度"下，还是允许匠师们按情况的需要，发挥一定的独创的自由。

清《工部工程做法则例》也是同类型的"规范"，于雍正十二年（1734年）颁布。全书74卷，主要部分开列了27座不同类型的具体建筑物和11等大小斗拱的具体尺寸，以及其他各作"做法"和工料估算法，不像"法式"那样用原则和公式的体裁。许多艺术加工部分并未说明，只凭匠师师徒传授。北京的故宫、天坛、三海、颐和园、圆明园（1860年毁于英法侵略联军）等宏伟瑰丽的组群，就都是按照这"千篇一律"的"做法"而取得其"千变万化"的艺术效果的。

今天，我们为了多快好省地建设社会主义，设计标准化、构件预制工厂化、施工装配化是我们的方向。我们在"适用"方面的要求越来越高，越多样化、专门化；无数的新材料、新设备在等待着我们使用；因而就要求更新、更经济的设计、结构和施工技术；同时还必须"在可能条件下注意美观"。我们在"三化"中所面临的问题比古人的复杂、繁难何止百十倍！我们应该怎样做？这正是我们需要研究的问题。

拙匠随笔

拙匠随笔（五）

从拖泥带水到干净利索 *

"结合中国条件，逐步实行建筑工业化"。这是党给我们建筑工作者指出的方向。我们是不可能靠手工业生产方式来多快好省地建设社会主义的。

19世纪中叶以后，在一些技术先进的国家里生产已逐步走上机械化生产的道路。唯独房屋的建造，却还是基本上以手工业生产方式施工。虽然其中有些工作或工种，如土方工程，主要建筑材料的生产、加工和运输，都已逐渐走向机械化；但到了每一栋房屋的设计和建造，却还是像千百年前一样，由设计人员个别设计，由建筑工人用双手将一块块砖、一块块石头，用湿淋淋的灰浆垒砌；把一副副的桁架、梁、柱，就地砍锯刨凿，安装起来。这样设计，这样施工，自然就越来越难以

　＊本文原载1962年9月9日《人民日报》。

适应不断发展的生产和生活的需要了。

第一次世界大战后，欧洲许多城市遭到破坏，亟待恢复、重建，但人力、物力、财力又都缺乏，建筑师、工程师们于是开始探索最经济地建造房屋的途径。这时期，他们努力的主要方向在摆脱欧洲古典建筑的传统形式以及繁缛雕饰，以简化设计施工的过程，并且在艺术处理上企图把一些新材料、新结构的特征表现在建筑物的外表上。

第二次世界大战中，造船工业初次应用了生产汽车的方式制造运输船只，彻底改变了大型船只个别设计、个别制造的古老传统，大大地提高了造船速度。从这里受到启示，建筑师们就提出了用流水线方式来建造房屋的问题，并且从材料、结构、施工等各个方面探索研究，进行设计。"预制房屋"成了建筑界研究试验的中心问题。一些试验性的小住宅也试建起来了。

在这整个探索、研究、试验，一直到初步成功，开始大量建造的过程中，建筑师、工程师们得出的结论是：要大量、高速地建造就必须利用机械施工；要机械施工就必须使建造装配化；要建造装配化就必须将构件在工厂预制；要预制构件就必须使构件的型类、规格尽可能少，并且要规格统一，趋向标准化。因此标准化就成了大规模、高速度建造的前提。

　　　　　　　　　　　　拙匠随笔

标准化的目的在于便于工厂（或现场）预制，便于用机械装配搭盖，但是又必须便于运输；它必须符合一个国家的工业化水平和人民的生活习惯。此外，既是预制，也就要求尽可能接近完成，装配起来后就无须再加工或者尽可能少加工。总的目的是要求盖房子像孩子玩积木那样，把一块块构件搭在一起，房子就盖起来了。因此，标准应该怎样制订？就成了近20年来建筑师、工程师们不断研究的问题。

标准之制订，除了要从结构、施工的角度考虑外，更基本的是要从适用——亦即生产和生活的需要的角度考虑。这里面的一个关键就是如何求得一些最恰当的标准尺寸的问题。多样化的生产和生活需要不同大小的空间，因而需要不同尺寸的构件。怎样才能使比较少数的若干标准尺寸足以适应层出不穷的适用方面的要求呢？除了构件应按大小分为若干等级外，还有一个极重要的模数的问题。所谓"模数"就是一座建筑物本身各部分以及每一主要构件的长、宽、高的尺寸的最大公分数。每一个重要尺寸都是这一模数的倍数。只要在以这模数构成的"格网"之内，一切构件都可以横、直、反、正，上、下、左、右地拼凑成一个方整体，凑成各种不同长、宽、高比的房间，如同摆七巧板那样，以适应不同的需要。管见认为模数不但要适应生产和生活的需要，适应材料特征，便于预制和机械化施工，而且应从比例上的艺术效果考虑。我国古来虽有"材""分""斗口"等模数传统，但由于它们只适于木材的手工业加工和殿堂等简单结构，而且模数等级太多，单位太小，显然是不能应用于现代工业生产的。

建筑师们还发现仅仅使构件标准化还不够，于是在这基础上，又从两方面进一步发展并扩大了标准化的范畴。一方面是利用标准构件组成各种"标准单元"，例如在大量建造的住宅中从一户一室到一户若干室的标准化配合、凑成种种标准单元。一幢住宅就可以由若干个这种或那种标准单元搭配布置。另一方面的发展就是把各种房间，特别是体积不太大而内部管线设备比较复杂的房间，如住宅中的厨房、浴室等，在厂内整体全部预制完成，做成一个个"匣子"，运到现场，吊起安放在设计预定的位置上。这样，把许多"匣子"垒叠在一起，一幢房屋就建成了。

从工厂预制和装配施工的角度考虑，首先要解决的是标准化问题。但从运输和吊装的角度考虑，则构件的最大允许尺寸和重量又是不容忽视的。总的要求是要"大而轻"。因此，在吊车和载重汽车能力的条件下，如何减轻构件重量，加大构件尺寸，就成了建筑师、工程师，特别是材料工程师和建筑机械工程师所研究的问题。研究试验的结果：一方面是许多轻质材料，如矿棉、陶粒、泡沫矽酸盐、轻质混凝土等等和一些隔热、隔声材料以及许多新的高强轻材料和结构方法的产生和运用；一方面是各种大型板材（例如一间房间的完整的一面墙做成一整块，包括门、窗、管、线、隔热、隔声、油饰、粉刷等，一应俱全，全部加工完毕），大型砌块，乃至上文所提到的整间房间之预制，务求既大且轻。同时，怎样使这些构件、板材等接合，也成了重要的问题。

机械化施工不但影响到房屋本身的设计，而且也影响到房屋组群的规划。显然，参差错落，变化多端的排列方式是不便于在轨道上移动的塔式起重机的操作的（虽然目前已经有了无轨塔式起重机，但尚未普遍应用）。本来标准设计的房屋就够"千篇一律"的了，如果再呆板地排成行列式，那么，不但孩子，就连大人也恐怕找不到自己的家了。这里存在着尖锐的矛盾。在"设计标准化，构件预制工厂化，施工机械化"的前提下圆满地处理建筑物的艺术效果的问题，在"千篇一律"中取得"千变万化"，的确不是一个容易答解的课题，需要做巨大努力。我国前代哲匠的传统办法虽然可以略资借鉴，但显然是不能解决今天的问题的。但在其他技术先进的国家已经有了不少相当成功的尝试。

"三化"是我们多快好省地进行社会主义基本建设的方

向。但"三化"的问题是十分错综复杂，彼此牵挂联系着的，必须由规划、设计、材料、结构、施工、建筑机械等方面人员共同研究解决。几千年来，建筑工程都是将原材料运到工地现场加工，"拖泥带水"地砌砖垒石，抹刷墙面、顶棚和门窗、地板的活路。"三化"正在把建筑施工引上"干燥"的道路。近几年来，我国的建筑工作者已开始做了些重点试验，如北京的民族饭店和民航大楼以及一些试点住宅等。但只能说在主体结构方面做到"三化"，而在最后加工完成的许多工序上还是不得不用手工业方式"拖泥带水"地结束。"三化"还很不彻底，其中许多问题我们还未能很好地解决，目前基本建设的任务比较轻了。我们应该充分利用这个有利条件，把"三化"作为我们今后一段时间内科学研究的重点中心问题，以期在将来大规模建设中尽可能早日实现建筑工业化。那时候，我们的建筑工作就不要再拖泥带水了。

谈"博"而"精"*

每一个同学在毕业的时候都要成为一个秀才。但是我们应该怎样去理解"专"的意义呢？"专"不等于把自己局限在一个"牛角尖"里。党号召我们要"一专多能"，这"一专"就是"精"，"多能"就是"博"。既有所专而又多能，既精于一而又博学；这是我们每个人在求学上应有的修养。

求学问需要精，但是为了能精益求精，专得更好就需要博。"博"和"精"不是对立的，而是互相联系着的同一事物的两个方面。假使对于有联系的事物没有一定的知识，就不可能对你所要了解的事物真正地了解。特别是今天的科学技术越来越专门化，而每一专门学科都和许多学科有着不可分割的联系。因此，在我们的专业学习中，为了很好地深入理解某一门

---

* 本文原载《新清华》1961年7月28日第三版。——左川注

学科，就有必要对和它有关的学科具有一定的知识，否则想对本学科真正地深入是不可能的。这是一种中心和外围的关系，这样的"外围基础"是每一门学科所必不可少的。"外围基础"越宽广深厚，就越有利于中心学科之更精更高。

拿土建系的建筑学专业和工业与民用建筑专业来说，由于建筑是一门和人类的生产和生活关系最密切的技术科学，一切生产和生活的活动都必须有房屋，而生产和生活的功能要求是极其多样化的。因此，要使我们的建筑满足各式各样的要求，设计人就必须对这些要求有一定的知识；另一方面，人们对于建筑功能的要求是无止境的，科学技术的不断进步就为越来越大限度地满足这些要求创造出更有利的条件，有利的科学技术条件又推动人们提出更高的要求。如此循环，互为因果地促使建筑科学技术不断地向前发展。到今天，除了极简单的小型建筑可能由建筑师单独设计外，绝大多数建筑设计工作都必须由许多不同专业的工程师共同担当起来。不同工种之间必然存在着种种矛盾，因此就要求各专业工程师对于其他专业都有一定的知识，彼此了解工作中存在的问题，才能够很好地协作，使矛盾统一，汇合成一个完美的建筑整体。

1958年以来设计大剧院、科技馆、博物馆等几项巨型公共建筑，就是由若干系的十几个专业协作共同担当起来的。在这一次真刀真枪的协作中，工作的实际迫使我们更多地彼此了解。通过这一过程，各工种的设计人员对有关工种的问题有了了解，进行设计考虑问题也就更全面了；这就促使着自己专业的设计更臻完善。事实证明，"博"不但有助于"精"，而且是"精"的必要条件。闭关自守、故步自封地求"精"就必然会陷入形而上学的泥坑里。

再拿建筑学这一专业来说。它的范围从一个城市的规划到个体建筑乃至细部装饰的设计。城市规划是国民经济和城市社会生活的反映，必须适应生产和生活的全面要求，因此要求规划设计人员对城市的生产和生活——经济和社会情况有深入的知识。每一座个体建筑也是由生产或者生活提出的具体要求而进行设计的。大剧院的设计人员就必须深入了解一座剧院从演员到观众，从舞台到票房，从声、光到暖、通、给排水、机、电以及话剧、京剧、歌舞剧、独唱、交响乐等等各方面的要求。建筑的工程和艺术的双重性又要求设计人员具有深入的工程结构知识和高度的艺术修养，从新材料新技术一直到建筑的历史传统和民族特征。这一切都说明"博"是"精"的基础，"博"是"精"的必要条件。为了"精"我们必须长期不懈地培养自己专业的"外围基础"。

必须明确：我们所要的"博"并不是漫无边际的无所不

知、无所不晓。"博"可以从两个要求的角度去培养。一方面是以自己的专业为中心的"外围基础"的知识。在这方面既要提防漫无边际，又要提防兴之所至而引入歧途，过分深入地去钻研某一"外围"的问题，钻了"牛角尖"。另一方面是为了个人的文化修养的要求可以对于文学、艺术等方面进行一些业余学习。这可以丰富自己的知识，可以陶冶性灵，是结合劳逸的一种有效且有益的方法。党对这是非常重视的。解放以来出版的大量的文学、艺术图籍，美不胜数的电影、音乐、戏剧、舞蹈演出和各种展览会就是有力的证明。我们应该把这些文娱活动也看作培养我们身心修养的"博"的一部分。

拙匠随笔

祖国的建筑 *

什么是建筑

研究祖国的建筑，首先要问："什么是建筑?""建筑"
这个名词，今天在中国还是含义很不明确的；铁路、水坝和房
屋等都可以包括在"建筑"以内。但是在西方的许多国家，一
般都将铁路、水坝等称为"土木工程"，只有设计和建造房屋
的艺术和科学才叫作"建筑学"。在俄文里面，"建筑学"
是apxntektypa，是从希腊文沿用下来的，原意是"大的技
术"，即包罗万象的综合性的科学艺术。在英、意、法、德等
国文中都用这个字。苏联科学院院长莫尔德维诺夫院士给"建

---

* 本文系梁思成在中央科学讲座上的讲演速记稿，1954年由中华全国科学
普及协会出版单行本。后经梁思成反复校订，1984年编入《拙匠随笔》时，由
编辑做了一些删节。——编者注

筑学"下了个比较精确的定义，是："建造适用和美好的住宅、公共建筑和城市的艺术"。

人类对建筑的要求

人类对建筑的最原始的要求是遮蔽风雨和避免毒蛇猛兽的侵害，换句话说，就是要得到一个安全的睡觉的地方。50万年前，中国猿人住在周口店的山洞里，只要风吹不着，雨打不着，猛兽不能伤害他们，就满意了，所以原始人对于住的要求是非常简单的。但是随着生产工具的改进和生活水平的提高，这种要求也就不断地提高和变化着，而且越来越专门化了。譬如我们现在居住、学习、工作和娱乐各有不同的建筑。我们对于"住"的要求的确是提高了，而且复杂了。

建筑技术已发展成为一种工程科学

在技术上讲，所谓提高就是人在和自然做斗争的过程中逐步获得了胜利。在原始时代人们所要求的是抵抗风雨和猛兽，各种技术都是为了和自然做斗争，争取生存的更好条件，而在斗争过程中，人们也就改造了自然。在建筑技术的发展过程中，我们的祖先发现木头有弹性，弄弯了以后还会恢复原状，石头很结实，垒起来就可以不倒等现象。远在原始时代，我们的祖先就掌握了最基本的材料力学和一些材料的物理性能。譬如，石头最好是垒起来，而木头需要连在一起用的时候，最好是想法子把它扎在一起，或用榫头衔接起来。所以我们可以说，在人类的曙光开始的时候，建筑的技术已经开始萌芽了。有一种说法——当然是推测，不过考古学家也同意——认为我们的祖先可能在烧兽肉时，在火堆的四周架了一些石头，后来发现那些石头经过火一烧，就松脆了，再经过水一浇，就发热粉碎而成了白泥样的东西，但过一些时间，它又变硬了，不溶于水了。石灰可能就是这样发现的。天然材料经过了某种物理或化学变化，便变成另外的一种材料，这是人类很早就认识到的。这种人造建筑材料，一直到现在还不断地发展着和增加着。例如门窗用的玻璃，也是用砂子和一些别的材料烧在一起所造成的一种人造建筑材料。人类在住的问题方面不断地和自然做斗争，就使得建筑技术逐渐发展成为一种工程科学了。

建筑是全面反映社会面貌的和有教育意义的艺术

人类有一种爱美的本性。石器时代的人做了许多陶质的坛子和罐子，有的用红土造的，有的用白土或黑土造的，大都画了或刻了许多花纹。罐子本来只求其可以存放几斤粮食或一些水就罢了，为什么要画上或刻上许多花纹呢？人类天性爱美，喜欢好看的东西；人类在这方面的要求也随着文化的发展愈来愈高。人类对于建筑不但要求技术方面的提高，并且要求加工美化，因此建筑艺术随着文化的提高也不断地丰富起来。

在原始时期，建筑初步形成，发展得很慢，但越往后，发展速度就越快。建筑艺术是随同文化的发展而不停地前进着的。人们的生活水平提高了，也就是人们的物质和精神两方面的要求都提高了，就必定要求建筑在实用上满足更多方面的需要，在艺术方面更优美，更能表达思想内容。

建筑是在各种社会生活和社会意识的要求下产生的，所以当许多建筑在一起时，会把当时的经济、政治和文化的情况多方面地反映出来的。建筑不但可以表现当时的生产力和技术成就，并且可以反映出当时的生产关系、政治制度和思想情况。我们不能不承认它是能多方面地反映社会面貌的艺术创造，而不是单纯的工程技术。

原始时代单座的房屋是为了解决简单的住的问题的。但很快地"住"的意义就渐渐扩大了，从作为住宿用的和为了解决农业或畜牧业生产用的房舍，出现了为了支持阶级社会制度的宫殿和坛庙，出现了反映思想方面要求的宗教建筑和陵墓等。到了近代，又有为了高度发达的工业生产用的厂房，为了社会化的医疗、休息、文化、娱乐和教育用的房屋，建筑的种类就更多，方面也更广了。

很多的建筑物合起来，就变成了一个城市。建筑与建筑之间留出来走路的地方就是街道。城市就是一个扩大的综合性的整体的建筑群。在原始时代，一个村落或城市只有很简单的房屋和一些道路，到了近代，城市就是个极复杂的大东西了。电气设备、卫生工程、交通运输和各种各类的公共建筑物，它们之间的联系和关系，无论是街道、广场、园林或桥梁都和建筑分不开。建筑是人类创造里面最大、最复杂、最耐久的东西。

今天还存在着许多古代的建筑物，像埃及的金字塔和欧洲中古的大教堂等。我们中国两千年前的建筑遗物留到今天的有帝王陵墓和古城等，较近代的有宫殿和庙宇等。一般讲来，这些建筑都是很大的东西。在人类的创造里面，没有比建筑物再大的了。5万吨的轮船，比我们的万里长城小多了。建筑物建立在土地上，是显著的大东西，任何人经过都不可能看不到它。不论是在城市里或乡村里，建筑物形成你的生活环境，同时也影响着你的生活。所以我们说它是有教育作用的东西，有重大意义的东西。

中国建筑有悠久的传统和独特的做法与风格

我们中国建筑的传统的特征是什么呢？

我们中国的建筑，以单座的建筑来分析，一般都有3个部分：下面有台子，中间有木构屋身，上面有屋顶。几座这样个别的房屋，就组成了庭院。具有这样的基本构成部分的房屋，已经有3500年的历史了。考古学家在河南安阳县殷墟发现了一些土台子，在土台子上面有许多柱础，它们的行列和距离非常整齐。石卵上面有许多铜盘（后来叫作"栌"）。在铜盘的上面或附近有许多木炭，直径约15厘米到20厘米。显然那木炭是经过焚烧的木柱，而那些石卵和铜板就是柱础。这个建筑大约是在武王伐纣的时候（公元前1122年）烧掉的，在抗日战争以前被考古学家发掘出来了，并已证明是殷朝的遗物。这就是说，我们确实知道由殷朝起已有在土台子上面立上柱子用以承托屋顶的这种建筑形式。我们从另一些文献上也能考证出来这种形式。《史记》上说，尧的宫殿"堂高三尺"，"茅茨不剪"。"堂"就是台子，用茅草覆在房顶上，中间是用木材盖起来的。

几千年以来，我们一直应用木材构成一种"框架结构"，起先很简单，但古代的匠人把这部分发展了，渐渐有了一定的规矩，总结出来了许多巧妙合理的做法，制定了一些标准。我们从宋朝一本讲建筑的术书《营造法式》里面，知道了当时的一些基本法制。

在这些法则中，我们要特别提到一种用中国建筑所特有的方法所构成的构件——斗拱。在一副框架结构中，在立柱和横梁交接处，在柱头上加上一层层逐渐挑出的称作"拱"的弓形短木，两层拱之间用称作"斗"的斗形方木块垫着。这种用拱和斗构成的综合构件叫作"斗拱"。它是用以减少立柱和横梁交接处的剪力，以减少梁折断的可能性的。在汉、晋、六朝时代，它还被用来加固两条横木的衔接处。简单的只在斗上用一条比拱更简单的"替木"。这种斗拱大多由柱头挑出去承托上面的各种结构，如屋檐，上屋楼外的"平坐"（露台），屋内的梁架、楼井和栏杆等。斗拱的装饰性很早就被发现了，不但在木结构上得到了巨大的发展，而且在砖石建筑上也普遍地应用，成为中国建筑中最显著的特征之一。从春秋战国（公元前

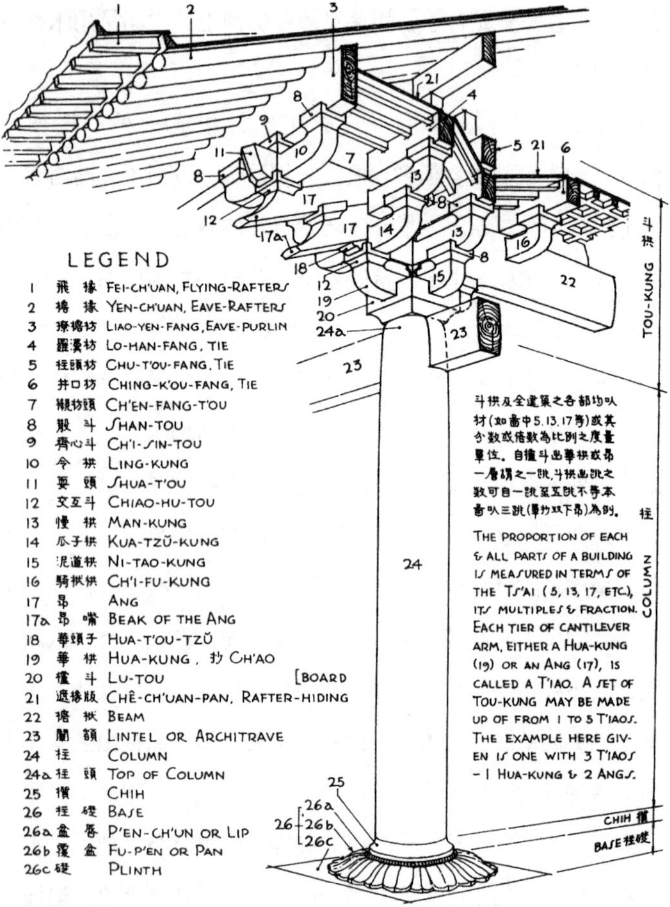
LEGEND
1 飛 椽 FEI-CH'UAN, FLYING-RAFTERS
2 檐 椽 YEN-CH'UAN, EAVE-RAFTERS
3 撩檐枋 LIAO-YEN-FANG, EAVE-PURLIN
4 羅漢枋 LO-HAN-FANG, TIE
5 柱頭枋 CHU-T'OU-FANG, TIE
6 井口枋 CHING-K'OU-FANG, TIE
7 襯枋頭 CH'EN-FANG-T'OU
8 散 斗 SHAN-TOU
9 齊心斗 CH'I-SIN-TOU
10 令 拱 LING-KUNG
11 耍 頭 SHUA-T'OU
12 交互斗 CHIAO-HU-TOU
13 慢 拱 MAN-KUNG
14 瓜子拱 KUA-TZŬ-KUNG
15 泥道拱 NI-TAO-KUNG
16 騎栿拱 CH'I-FU-KUNG
17 昂 ANG
17a 昂 嘴 BEAK OF THE ANG
18 華頭子 HUA-T'OU-TZŬ
19 華 拱 HUA-KUNG, 抄 CH'AO
20 櫨 斗 LU-TOU
21 遮椽版 CHÊ-CH'UAN-PAN, RAFTER-HIDING BOARD
22 檐 栿 BEAM
23 闌 額 LINTEL OR ARCHITRAVE
24 柱 COLUMN
24a 柱 頭 TOP OF COLUMN
25 櫍 CHIH
26 柱 礎 BASE
26a 盆 唇 P'EN-CH'UN OR LIP
26b 覆 盆 FU-P'EN OR PAN
26c 礎 PLINTH
斗拱及全建築之各部均以材(如圖中5,13,17等)或其分數或倍數為比例之度量單位。自櫨斗出華拱或昂一層謂之一跳,斗拱出跳之數可自一跳至五跳不等本圖以三跳(單抄双下昂)為例。
THE PROPORTION OF EACH & ALL PARTS OF A BUILDING IS MEASURED IN TERMS OF THE TS'AI (5, 13, 17, ETC.), ITS MULTIPLES & FRACTION. EACH TIER OF CANTILEVER ARM, EITHER A HUA-KUNG (19) OR AN ANG (17), IS CALLED A T'IAO. A SET OF TOU-KUNG MAY BE MADE UP OF FROM 1 TO 5 T'IAOS. THE EXAMPLE HERE GIVEN IS ONE WITH 3 T'IAOS – 1 HUA-KUNG & 2 ANGS.
TOU-KUNG 斗拱
COLUMN 柱
CHIH 櫍
BASE 柱礎

中國建築之"ORDER"· 斗拱, 檐柱, 柱礎 THE CHINESE "ORDER"

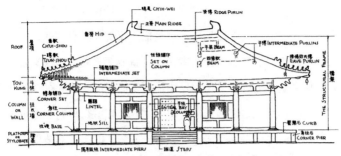

NAMES OF PRINCIPAL PARTS OF A CHINESE BUILDING

中國建築主要部份名稱圖

722年—公元前481年）的铜器上，我们就看到有这种斗拱的图形，在四川的许多汉代（公元前206年—公元220年）石阙和崖墓中，也能看到这样的斗拱。

在朝鲜平安南道有些相当于我国晋朝时代的坟墓，墓中是用建筑的处理手法来装饰的。这些墓内有柱子，在旁边墙壁画了斗拱。并在两斗拱间用"人字形拱"。北魏（公元386年—公元557年）的云冈石窟，保存到今天，我们可以看到当时建筑的形状：三间的殿堂，八角形的柱子，柱头上边有斗拱，上面有椽有瓦。从这样一些古代各个时代留下来的实物中，我们知道我国古代的建筑很早就已形成了自己的一套做法和风格了。

我觉得建筑的各种做法的规则很像语言文字上的"文

法"。文法有时候是不讲道理的东西。例如：俄文的名词有6个格，在字的尾巴上变来变去。我们的汉文就没有这些，但是表情达意也很清楚。为什么俄文字尾就要变来变去，汉文就不变？似乎毫无道理。可是它是由习惯发展来的、实际存在的一种东西。你要表达你的感情，说明问题，你就得用它。建筑上的各部分的处理也同文法一样，有一些一定的组合的惯例。几千年以来，各民族的建筑都不是一样的；即使大家都用柱子、梁和椽子，但各民族处理柱子、梁和椽等的方法一般都不一样。每个民族的建筑形式虽然也随时代而有所不同，但总是有那么一个规则被遵循着，这种规则虽不断地发展，不是一成不变的，但基本特征总是传留下来，逐渐改变，从不会一下子就完全变了样。

在各民族的语言里都有许多意义相当的词，例如，英语里有"Column"一词相当于我们的"柱"字的意思。在各国的建筑上也有许多构件具有同样的作用与意义，但是样子却不一样。有许多不同的建筑上的构件，有如各国语言中的字那样不同。把它们组织起来的方法也都不同，有如各国言语的文法不同。瓦坡、墙面、柱子、廊子、窗子和门洞组成了许多不同的建筑物，也很像由字写成不同的文章。但因为文法的不同，希腊的就和意大利的不同，意大利的又和我们的不同。总之各国

　　　　　　　　　　拙匠随笔

的建筑都是各自为解决生活上不同的需要，反映着不同的心理特点和习惯，形成了自己的特征，并且逐渐发展而丰富起来的。

唐、宋和元的木构建筑

现在让我们把现在还存在的祖国历代的建筑提出几个典型的来看看。我们所已知道的中国最古的木建筑物是公元857年（唐）造的，就是山西五台山豆村镇的一所大寺院佛光寺的大殿，再过3年它就满1100年了（去年又发现了一座比它更古的，尚未调查）。佛光寺大殿下面有很高的台基。殿正面是一列柱子，柱子之上由雄大的斗拱托着瓦檐，木构组织简单壮硕。上面是中国所特有的那种四坡屋顶，体形简朴而气魄雄壮。内部斗拱由柱头一层层地挑出来，承在梁底，使得梁的跨度减少，不但使结构安全，并且达到高度的艺术效果，真是横跨如虹。这种拱起来略有曲度的梁，宋以后称作"月梁"，大概是像一弯新月的意思。这里由柱头挑出来的斗拱是结构上的重要部分，但同时又是很美的装饰部分。这样工程结构和建筑上丰富的美感有机地统一着，是我们祖国建筑的优良传统。

唐朝的佛光寺大殿的斗拱，和后代如明、清建筑上我们所常见的有何不同呢？第一，唐朝的尺寸大，和柱子的高度比起来在比例上也大得多；第二，只在柱头上用它，柱与柱之间横额上只有较小的附属的小组斗拱。这里只有向前挑的华拱数层，没有横拱的做法，叫作"偷心"，这是宋以前结构的特点，能承托重量，显得雄壮有力。

北京以东约85公里蓟县独乐寺中的一座观音阁，是我们第二个最古的木建筑。这座建筑物比刚才的那座大殿规模更

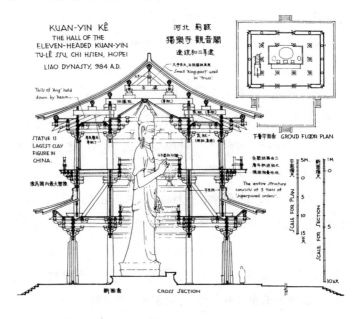

独乐寺观音阁平面及剖面

大，而在塑形上有生动的轮廓线，耸立在全城之上。看起来它是两层，实际上是三层的楼阁，巍巍然，翼翼然，和我们在唐宋画中所见的最接近。这是辽代的建筑实物。它的建筑年代是公元984年。它的木构全部高约22米，也是用了柱、梁和各式各样的斗拱所组织起来的大工程。里面主要是一尊11面观音立像；3层楼是围绕着这立像而建造的，所以四周结构的当中留下一个井一样的地方。为了达到这样一个目的，在结构上就发生一系列需要解决的问题了。由于应用了各种能承重、能出挑的斗拱，就把各层支柱和横梁之间，支柱和伸出的檐廊部分之间的复杂问题解决了。这些斗拱是为了结构的需要被创造的，但同时产生了奇妙的、惊人的、富于装饰性的效果。

山西应县佛宫寺的木塔高66米，平面八角形，外表5层，内中包括暗楼4层，共有9层。这木塔建于辽代，再过3年它就够900年的高龄了。它之所以能这样长期存在，说明了它在工程技术上的高度成就。在这个建筑上也应用了不同组合的斗拱来解决复杂的多层的结构问题。全塔共用了57种不同的斗拱。塔下部稍宽，上面稍窄，虽然建筑物是高峻的，而体形稳定，气象庄严。它是我国唯一的全木造的塔，又是最古的木结构之一，所以是我们的稀世之宝。

北宋木建筑遗物不多，山西太原晋祠圣母庙一组是现存重

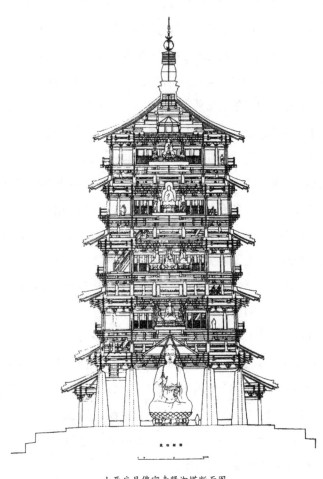

山西应县佛宫寺释迦塔断面图

拙匠随笔

要建筑，建于11世纪。建筑的标准构材比唐、辽的轻巧，外檐出挑仍很宽，但是斗拱却小了一些，每组结合得很清楚，形状很秀丽。全建筑轮廓线也柔和优雅，内部屋架上部很多部分都处理得巧妙细致。

宋画可作为研究宋代建筑的参考。它们虽然是画的，但有许多都非常准确，所有构件和它们的比例都画得很准确。《黄鹤楼图》就是其中一例。无疑的，宋代木建筑的艺术造型曾达到了极高的成就。河北正定龙兴寺宋或金初的摩尼殿，体形庞大，在造型方面与轻盈飞动的楼阁不同，结构方面都是很大胆的，总形象非常朴硕顽强。但同画中的黄鹤楼一样，这座殿的四面凸出的抱厦（即房屋前面加出的门廊）和向前的房山（即房屋两端墙上部三角形部分）是宋代建筑的特征。这种特征唐代或已有，但没有在两宋时代普遍，宋以后就比较少见了。这是很美妙的一种建筑处理形式。

河北曲阳县北岳庙元朝建的德宁殿是1206年建造的。我们看到建筑发展越来越细致。斗拱缩小了，但瓦部总保持着历来所特有的雄伟的气概。木构部分在宋以后所产生的柔和线条，这里也还保持着。但元朝是个经济比较衰落的时代，当时的统治者蒙古族进入中国后对汉族压迫剥削极重，所以建筑没有得到很大的发展，形象上比宋代的简单很多。

明和清的木构大建筑

明清的木构大建筑，北京故宫一组是最好的代表。北京故宫建筑的整体是明朝的大杰作，但大部都在清朝重建过，只剩几座大殿是例外。太和殿是1695年（清康熙时）重建的。它的后面的中和、保和二殿，都还是明朝的建筑。保和殿在明朝叫作建极殿。今天保和殿檐下牌子金字的底下还隐约可见"建极殿"的字样。这个紫禁城主要建筑群的位置，形成故宫和北京城的中轴线。在中轴的两旁还各有一条辅轴：左边是太庙（现在的文化宫），右边是社稷坛（现在的中山公园），两组都是极为美观的建筑组群。太庙的大殿在明朝原是9间，后来改成11间。（我们猜想这是清弘历即乾隆为了给他自己的牌位预留位置而改变的。但这次改建不见记录，至今是个疑问。）除大殿有可疑之处外，太庙的全组建筑都是明朝的遗物，工精料美，现在已成为劳动人民文化宫了，人民有权利享受我们祖先最好的劳动果实。右边的社稷坛（中山公园）以祭五谷的神坛为主体，附有两座殿。它们都是明初1420年以前，即明成祖朱棣由南京迁都至北京以前所完成的。这是北京最古的两座殿堂。这两座殿就是现在公园里的中山堂和它的后面一殿，到现在它们都已经530多年了，仍然完整坚固，一切都和新的一样。解放以后，它已成为北京市各界人民代表会议的会场。从前是封建主祭祀用的殿堂，现在却光荣地为人民服务了。这也说明有些伟大的建筑并不被时代所局限，到了另一时代仍能很好地为新社会服务。

现在我们不能不提到山东曲阜的孔庙。过去儒教在中国占有极大势力，孔庙是受到特殊待遇的建筑。曲阜的大成殿比起太和殿来要小些，它的前廊却用有极其华丽的雕龙白石柱子，在艺术方面使人得到另一种感觉。大成殿前大成门外的奎文阁是1504年（明弘治时）的一座重层建筑物，和独乐寺辽

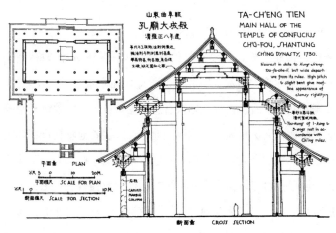

孔庙大成殿平断面图

代的观音阁属于同一类型，但在艺术造型上，它们之间是有差别的。奎文阁没有观音阁那样的豪放、雄伟和具有顽强的气概。这个时期的一般艺术和唐宋的相比，都显得薄弱和拘束。

除了故宫的宫殿以外，我们还可以看看北京外城的另一种纪念性建筑物。首先是天坛。天坛是庄严肃穆地祭天的地方，很大的地址上只盖了很少数的建筑物，这是它布局的特点。天坛肃穆庄严到极点，而明朗宏敞，好像真能同天接近。周围用美丽的红墙围着，北头是圆的，南头是方的，以象征"天圆地方"。内中一条中轴线上，最南一组是3层白石的圆台，叫作"圜丘"，是祭天的地方。北面有精致的圆墙围绕的一组建筑，就是"皇穹宇"，是安放牌位的，后面沿石墁的甬道约600米到祈年门、祈年殿和两配殿。此外除了一些斋宫、神库之外，就没有其他建筑，只有茂密的柏树林围绕着。这组建筑的艺术效果是和故宫大不相同的。一位外国建筑师来到北京以后，说过几句很有意思的话："中国建筑有明确的思想性，天坛是天坛，北海是北海。"接着他解释说："天坛，我愿意一个人去；北海，我愿意带我的小孩子去。"他的话说明了他对建筑体会得非常深刻：他愿意独自上天坛，因为那是个非常庄严肃穆的地方；他愿意带着小孩子去北海，因为北海的布局富有变化的情趣，是适宜于游玩的大花园。祈年殿、皇穹宇和圜丘不唯塑形极美，且因平面是圆的，所以在结构上是中国所少有的。它们怎样发挥中国的结构方法，怎样运用传统的"文法"以灵活应付特殊条件，就更值得重视了。

中国建筑的特殊形式之———塔

现在说到砖石建筑物，这里面最主要的是塔。也许同志们就要这样想了："你谈了半天，总是谈些封建和迷信的东西。"但是事实上在一个阶级社会里，一切艺术和技术主要都是为统治阶级服务的。过去的社会既是封建和迷信的社会，当时的建筑物当然是为封建和迷信服务的；因此，中国的建筑遗产中，最豪华的、最庄严美丽的、最智慧的创造，总是宫殿和庙宇。欧洲建筑遗产的精华也全是些宫殿和教堂。

在一个城市中，宫殿的美是可望而不可即的，而庙宇寺院的美，人民大众都可以欣赏和享受。在寺院建筑中，佛塔是给人民群众以深刻的印象的。它是多层的高耸云霄的建筑物，全城的人在遥远的地方就可以看见它。它是最能引起人们对家乡和祖国的情感的。佛教进入中国以后，这种新的建筑形式在中国固有的建筑形式的基础上产生而且发展了。

在佛教未到中国以前，我们的国土上已经有过一种高耸的

山西大同云冈石窟所表现的北魏木塔形式

（公元 450 年—公元 500 年）

拙匠随笔

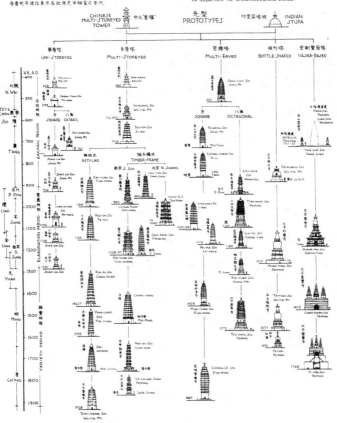

历代佛塔型类演变图

多层建筑物，就是汉代的"重楼"。秦汉的封建主常常有追求长生不老和会见神仙的思想；幻想仙人总在云雾缥缈的高处，有"仙人好楼居"的说法，因此建造高楼，企图引诱仙人下降。佛教初来的时候，带来了印度"窣堵坡"的概念和形象——一个座上覆放着半圆形的塔身，上立一根"刹"杆，穿着几层"金盘"。后来这个名称首先失去了"窣"字，"堵坡"变成"塔婆"，最后省去"婆"字而简称为"塔"。中国后代的塔，就是在重楼的顶上安上一个"窣堵坡"而形成的。

单层塔

云冈的浮雕中有许多方形单层的塔，可能就是中国形式的"窣堵坡"：半圆形的塔身改用了单层方形出檐，上起方锥形或半圆球形屋顶的形状。山东济南东魏所建的神通寺的"四门塔"就是这类"单层塔"的优秀典型。四门塔建于公元544年，是中国现存的第二古塔，也是最古的石塔。这时期的佛塔最通常的是木构重楼式的，今天已没有存在的了。但是云冈石窟壁上有不少浮雕的这种类型的塔，在日本还有飞鸟时代（中国隋朝）的同形实物存在。

中国传统的方形平面与印度"窣堵坡"的圆形平面是有距离的。中国木结构的形式又是难以做成圆形平面的。所以

拙匠随笔

山东济南附近神通寺四门塔

唐代的匠师就创造性地采用了介乎正方与圆形之间的八角形平面。单层八角的木塔见于敦煌壁画，日本也有实物存在。河南嵩山会善寺的净藏禅师墓塔是这种仿木结构八角砖塔的最重要的遗物。净藏禅师墓塔是一座不大的单层八角砖塔，公元745年（唐玄宗时）建。这座塔上更忠实地砌出木结构的形象，因此就更亲切地充满中国建筑的气息。在中国建筑史中，净藏禅师墓塔是最早的一座八角塔。在它出现以前，除去一座十二角形和一座六角形的两个孤例之外，所有的塔都是正方形的。在它出现以后约200年，八角形便成为佛塔最常见的平面形式。所以它的出现在中国建筑史中标志着一个重要的转变。此外，它也是第一个用须弥座做台基的塔。它的"人"字形的补间斗拱（两个柱头上的斗拱之间的斗拱），则是现存建筑中这种构件的唯一实例。

重楼式塔

初期的单层塔全是方形的。这种单层塔几层重叠起来，向上逐层逐渐缩小，形象就比较接近中国原有的"重楼"了，所以可称之为"重楼式"的砖石塔。

西安大雁塔是唐代这类砖塔的典型。它的平面是正方的，塔身一层层地上去，好像是许多单层方屋堆起来的，看起来很老实，是一种淳朴平稳的风格，同我们所熟识的时代较晚的窈窕秀丽的风格很不同。这塔有一个前身。玄奘从印度取经回来后，在长安慈恩寺从事翻译，译完之后，在公元652年盖了一座塔，作为他藏经的"图书馆"。我们可以推想，它的式样多少是仿印度建筑的，在那时是个新尝试。动工的时候，据说这位老和尚亲身背了一筐土，绕行基址一周行奠基礼；可是盖成以后不久，不晓得什么原因就坏了。公元701年至公元704年

陕西西安慈恩寺大雁塔

间又修起这座塔，到现在有1250年了。在塔各层的表面上，用很细致的手法把砖石处理成为木结构的样子。例如用砖砌出扁柱，柱身很细，柱头之间也砌出额枋，在柱头上用一个斗托住，但是上面却用一层层的砖逐层挑出（叫作"迭涩"），用以代替瓦檐。建筑史学家们很重视这座塔。自从佛法传入中国，建筑思想上也随着受了印度的影响。玄奘到印度取了经回来，把印度文化进一步介绍到中国，他盖了这座塔，为中国和印度古代文化交流树立了一座庄严的纪念物。从国际主义和文化交流历史方面看，它是个非常重要的建筑物。

　　属于这类型的另一例子，是西安兴教寺的玄奘塔。玄奘死了以后，就埋在这里，这塔是墓的标志。这塔的最下一层是光素的砖墙，上面有用砖刻出的比大雁塔上更复杂的斗拱，所谓"一斗三升"的斗拱。中间一部伸出如蚂蚱。

　　资产阶级的建筑理论认为建筑的式样完全决定于材料，因此在钢筋水泥的时代，建筑的外形就必须是光秃秃的玻璃匣子式，任何装饰和民族风格都不必有。但是为什么我们古代的匠师偏要用砖石做成木结构的形状呢？因为几千年来，我们的祖先从木结构上已接受了这种特殊建筑构件的形式，承认了它们的应用在建筑上所产生的形象能表达一定的情感内容。他们接受了这种形式的现实，因为这种形式是人民所喜闻乐见的。因此当新的类型的建筑物创造出来时，他们认为创造性地沿用这种传统形式，使人民能够接受，易于理解，最能表达建筑物的庄严壮丽。这座塔建于公元669年，是现存最古的一座用砖砌出木结构形式的建筑。它告诉我们，在那时候，智慧的劳动人民的创造方法是现实主义的，不脱离人民艺术传统的。这个方法也就是指导古代希腊由木构建筑转变到石造建筑时所取的途径。中国建筑转成石造时所取的也是这样的途径。我们祖国一方面始终保持着木构框架的主要地位，没有用砖石结构来代替它；同时在佛塔这一类型上，又创造性地发挥了这方法，以砖石而适当灵巧地采用了传统木结构的艺术塑形，取得了光辉成就。古代匠师在这方面给我们留下不少卓越的范例，正足以说明他们是怎样创造性运用遗产和传统的。

河北定县开元寺的料敌塔也属于"重楼式"的类型，平面是八角形的，轮廓线很柔和，墙面不砌出模仿木结构形式的柱枋等。这塔建于1001年。它是北宋砖塔中重楼式不仿木结构形式的最典型的例子。这种类型在华北各地很多。

河南开封祐国寺的"铁塔"建于1044年，也属于"重楼式"的类型。它之所以被称为"铁塔"，是因为它的表面全部用"铁色琉璃"做面砖。我们所要特别注意的就是在宋朝初年初次出现了使用特制面砖的塔，如公元977年建造的开封南门

河北定县开元寺料敌塔

拙匠随笔

河南开封祐国寺"铁塔"

外的繁塔和这座"铁塔"。而"铁塔"所用的是琉璃砖，说明一种新材料之出现和应用。这是一个智慧的创造，重要的发明。它不仅显示材料、技术上具有重大意义的进步，而且因此使建筑物显得更加光彩，更加丰富了。

重楼式中另一类型是杭州灵隐寺的双石塔，它们是五代吴越王钱弘俶在公元960年扩建灵隐寺时建立的。在外表形式上它们是完全仿木结构的，处理手法非常细致，技术很高。实际上这两"塔"仅各高10米左右，实心，用石雕成，应该更适当地叫它们作塔形的石幢。在这类型的塔出现以前，砖石塔的造型是比较局限于砖石材料的成规做法的。这塔的匠师大胆地用石料进一步忠实地表现了人民所喜爱的木结构形式，使佛塔的造型更丰富起来了。

完全仿木结构形式的砖塔在北方的典型是河北涿县的双塔。两座塔都是砖石建筑物，其一建于1090年（辽道宗时）。在表面处理上则完全模仿应县木塔的样式，只是出檐的深度因为受材料的限制，不能像木塔的檐那样伸出很远；檐下的斗拱则几乎同木构完全一样，但是挑出稍少，全塔就表现了砖石结构的形象，表示当时的砖石工匠怎样纯熟地掌握了技术。

密檐塔

另一类型是在较高的塔身上出层层的密檐，可以叫它作"密檐塔"。它的最早的实例是河南嵩山嵩岳寺塔。这塔是公元520年（南北朝时期）建造的，是中国最古的佛塔。这塔一共有15层，平面是十二角形，每角用砖砌出一根柱子。柱子采用印度的样式，柱头柱脚都用莲花装饰。整个塔的轮廓是抛物线形的。每层檐都是简单的"迭涩"，可是每层檐下的曲面也都是抛物线形的。这是我们中国古来就喜欢采用的曲线，是我国建筑中的优良传统。这塔不唯是中国现存最古的佛塔，而且在这塔以前，我们没有见过砖造的地上建筑，更没有见过约40米高的砖石建筑。这座塔的出现标志着这时期在用砖技术上的突进。

和这塔同一类型的是北京城外天宁寺塔。它是1083年（辽）建造的。从层次安排的"韵律"看来，它与嵩岳塔几乎完全相同，但因平面是八角形的，而且塔身砌出柱枋，檐下用砖做成斗拱，塔座做成双层须弥座，所以它的造型的总效果就与嵩岳寺塔迥然异趣了。这类型的塔至11世纪才出现，它无疑地是受到南方仿木结构塔的影响的新创造。这种特殊形式的密檐塔，较早的都在河北省中部以北，以至东北各省。当时的

北京天宁寺塔

契丹族的统治者因为自己缺少建筑匠师，所以"择良工于燕蓟"（汉族工匠）进行建造。这种塔形显然是汉族的工匠在那种情况之下，为了满足契丹族统治阶级的需求而创造出来的新类型。它是两个民族的智慧的结晶。这类型的塔丰富了中国建筑的类型。

属于密檐塔的另一实例是洛阳的白马寺塔，是1175年（金）的建筑物。这塔的平面是正方形的，在整体比例上第一层塔身比较矮，而以上各层檐的密度较疏。

塔身之下有高大的台基，与前面所谈的两座密檐塔都有不同的风格。在12世纪后半叶，八角形已成为佛塔最常见的平面形式，隋唐以前常见的正方形平面反成为稀有的形式了。

瓶形塔

另一类型的塔，是以元世祖忽必烈在1271年修成的北京妙应寺（白塔寺）的塔为代表的"瓶形塔"或喇嘛塔。这是西藏的类型。元朝蒙古人把藏传佛教从西藏经由新疆带入了中原，同时也带来了这种类型的塔。这座塔是中国内地最古的喇嘛塔，在修盖的当时是一个陌生的外来类型，但是它后来的子孙很多，如北京北海的白塔，就是一个较近的例子。这种塔下面是很大的须弥座，座上是覆钵形的"金刚圈"，再上是坛子形的塔身，称为"塔肚子"，上面是称为"塔脖子"的须弥座，更上是圆锥形或近似圆柱形的"十三天"和它顶上的宝盖、宝珠等。这是西藏的类型，而且是蒙古族介绍到中原地区来的，因此它是蒙古、藏两族对中国建筑的贡献。

台座上的塔群

北京真觉寺（五塔寺）的金刚宝座塔是中国佛塔的又一类型。这类型是在一个很大的台座上立5座乃至7座塔，成为一

五塔寺塔

拙匠随笔

个完整的塔群。真觉寺塔下面的金刚宝座很大，表面上共分为5层楼，下面还有一层须弥座。每层上面都用柱子做成佛龛。这塔形是从印度传入的。我们所知道最古的一例在云南昆明，但最精的代表作则应举出北京真觉寺塔。它是1493年（明代）建造的，比昆明的塔稍迟几年。北京西山碧云寺的金刚宝座塔是清乾隆年间所建，座上共立7座塔，虽然在组成上丰富了一些，但在整体布置上和装饰上都不如真觉寺塔朴实雄伟。

明朝砖石建筑的新发展

在砖石建筑方面，到了明朝有了新的发展。过去，木结构的形式只运用到砖石塔上，到了明朝，将木结构的形式和砖石发券结构结合在一起的殿堂出现了。山西太原永祚寺（双塔寺）的大雄宝殿，以及五台山、苏州等地的所谓"无梁殿"和北京的皇史宬、三座门等都属于这一类。从汉朝起，历代匠师们就开始在各类型的砖石建筑上表现木结构的形式。在崖墓里，在石阙上，在佛塔上，最后到殿堂上，历代都有新的创造，新的贡献，使我们的建筑逐步提高并丰富起来。清朝也有这类型的建筑，例如北京香山静宜园迤南的无梁殿，乃至一些琉璃牌坊，都是在这方向下创造出来的新类型。

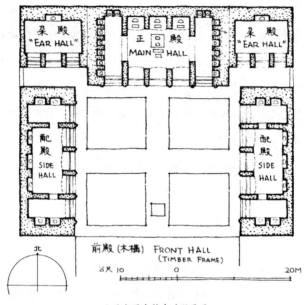

山西太原永祚寺砖殿平面

世界上最早的空撞券大石桥——赵州桥

　　我国隋朝的时候，在建筑技术方面出现了一项伟大的成就，即民歌《小放牛》里面所歌颂的赵州桥。《小放牛》里说赵州桥是"鲁班爷"修的，说明古代人民已把它的技巧神话化了，其实这桥并不是鲁班修的，而是隋朝的匠人李春建造的。

　　　　　　　　　　　　　　　　　　拙匠随笔

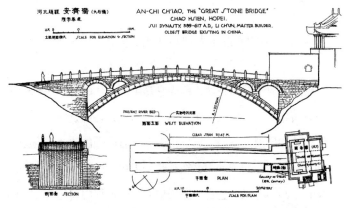

河北赵县 安济桥 (大石桥)
隋李春建

比例尺 0 5 10M.
立面与断面用尺 SCALE FOR ELEVATION & SECTION

AN-CHI CH'IAO, THE "GREAT STONE BRIDGE"
CHAO HSIEN, HOPEI.
SUI DYNASTY, 589-617 A.D., LI CHUN, MASTER BUILDER.
OLDEST BRIDGE EXISTING IN CHINA.

现在河床面
PRESENT RIVER BED

R.12770A

西面立面 WEST ELEVATION

CLEAR SPAN 37.47 M.

断面 SECTION

平面图 PLAN

GALLERY OR STELE
(18th. Century)

比例尺 0 10 20 METERS
平面用尺 SCALE FOR PLAN

赵州桥立面、断面及平面图

它是一座石造的单孔券大桥，到现在已有1300多年了，仍然起着联系汶水两岸的作用。这桥的单孔券不但是古代跨度最大的券（净跨37.47米），而且李春还创造性地在主券两头各做了两个小券，那就是近代叫作"空撞券"的结构。在西方这样的空撞券桥的初次出现是在1912年，当时被西方称颂为近代工程上的新创造。其实在1300年前就有个李春在中国创造了。无论在材料的使用上、结构上、艺术造型上和经济上，这桥都达到了极高的成就。它说明到了隋朝，造桥的科学和艺术已经有了悠久的传统，因此才能够创造出这样辉煌的杰作。

中国古代的伟大建筑工程之一——长城

我们不能不提到长城，因为它是中国古代的伟大建筑工程之一。西起甘肃安西县，东抵河北山海关，在绵延2300公里的崇山峻岭和广漠的平原上，它拱卫着当时中国的边疆。它是几百万甚至近千万的劳动人民在长时期中用自己的生命和血汗所造成的。2000年来，它在中国历史的演变过程中曾起过一定的作用。它那壮伟朴实的躯体，踞伏在险要的起伏的山脊上，是古代卓越的工程技术和施工效能的具体表现，同时它本身也就成为伟大的艺术创造，不仅是一堆砖石而已。原来的长城是用黄土和石块筑造的，现在河北、山西北部的一段砖石的城则是明中叶重修的。这一段所用的砖是大块精制的"城砖"。这一次的重修正反映了东北满族威胁的加强，同时也使我们认识到这时期造砖的技术和生产效率已经大大提高了。

中国古代的城市建设

现在我们要谈谈祖国古代的城市建设。从古时我们的城市建设就是有计划的。有计划的城市建设是我们祖国宝贵的传统。按照《周礼·考工记》所说，天子的都城有东西向和南北向的干道各9条，即所谓"九经九纬"；南北干道要同时能并行9辆车子，规模是雄伟的。因为它是封建社会的产物，当然反映封建制度的要求，所以规定大封建主的宫殿在当中，前面是朝廷，后面是老百姓居住和交易的地方，左边是祖宗神庙，右边是土地农作物的神坛。按照这样的制度进行规划，就成了中国历代首都的格式。

唐朝的长安是隋朝开始建造的，在隋朝叫作大兴城，也是参照"周礼"上这个原则布置下来的。它是历史上规模最宏伟的一个城市。长安城也规划成若干条经纬街道，北部的中央是宫城和皇城所在地。皇城是行政区，宫城是大封建主住的地方。皇城的东面有16个王子居住的"十六宅"。这些都偏在北部。城的南部是老百姓住的地方，而在适中的地点有东西两个市场，也可以说那就是长安城的两个主要的商业区。城的东南角有块洼地，名曲江，风景极好，就成了长安的风景区和"文娱中心"了。诗人杜甫曾在许多的诗中提到它。我们今天所理解到的是：这个城不仅很有规划条理，而且是历史上最早的有计划地使用土地的城市，反映出当时种种的社会生活和丰富的文化。

驰名世界的古城——北京

我们祖国另外一个驰名世界的伟大的城市是元朝的大都，它就是今天的北京的基础。我们在这个城市也看到所谓"面朝背市"的格局：前面是皇宫，后面是什刹海，以前水运由东边入城，北上到什刹海卸货，什刹海的两岸是市集中心。但在明朝扩大建设北京的时候，城北水路已淤塞，前面城墙又太近，宫前没有足够的建造衙署的地方，就改建了北面的城墙，南面却从长安街一线向南推出去，到了今天正阳门一线上，让商市在正阳门外发展。这样就把元朝这个城市很彻底地改造了。经过清朝的修建，这个城现在仍是驰名世界的一个伟大的古城。我们为这个城感到骄傲，因为它具体地表现了我们民族的气魄，我国劳动人民的智慧和我国高度发展的文化。

这个城具有从永定门到钟楼和鼓楼的一条笔直的中轴线，它是世界上一种艺术杰作。这条轴线共有8公里长，中间是一组又一组的纪念性大建筑，东西两边街道基本上是对称的，庄严肃穆，是任何大都市所少有的大气魄。西边有湖沼——"三海"，格局稍有变化，但仍取得均衡的效果。这湖沼园林的安排又是一种艺术杰作。当你从两旁有房屋的街道走到三海附近，你就会感到一个突然的转变，使你惊喜。例如我们从文津街走到了北海玉带桥，在这样一个很热闹的城市里，突然一转弯就出来了一个湖波荡漾、楼阁如画、完全出人意外的景色，怎能不令人惊奇呢？不过当时它是皇宫的一部分，很少人能到那里玩赏，今天它成了全民所有的绿化区了。

这个城市的主要特点之一是道路分工明确——有俗语所说的"大街小巷"之别。我们每天可以看见大量的车辆都在大干线上跑，住宅都布置在安静的胡同里。这样的规划是非常科学的。

我们试将中国的建筑和绘画在布局上的特征和欧洲的做一个比较。我觉得西方的建筑就好像西方的画一样，画面很完整，但是一览无遗，一看就完了，比较平淡，中国的建筑设计，和中国的画卷，特别是很长的手卷很相像：用一步步发展的手法，把你由开头领到一个最高峰，然后再慢慢地收尾，比较的有层次，而且趣味深长。北京城这条中轴线把你由永定门领到了前门和五牌楼，是一个高峰。过桥入城，到了中华门，远望天安门，一长条白石板的"天街"，止在天安门前五道桥前，又是一个高峰。然后进入皇城，过端门到达了午门前面的广场。到了这里就到了又一个高峰。在这里我们忽然看见了紫禁城，四角上有窈窕秀丽的角楼，中间五凤楼，金碧辉煌，皇阙嵯峨的形象最为庄严。进入午门又是广场，隔着金水河白石桥就望见了太和门。这里是另一高峰的序幕。过了太和门就到达一个最高峰——太和殿。这可以说是这副长"手卷"的中心部分。由此向北过了乾清宫逐渐收场，到钦安殿、神武门和景山而渐近结束。在鼓楼和钟楼的尾声中，就是"画卷"的终了。

北京城和故宫这样的布局所造成的艺术效果是怎样的呢？当然是气势雄伟，意义深刻。故宫在以前不是博物院，而是封建时代象征最高统治者的无上威权的地方——皇帝的宫殿。过去的统治阶级是懂得利用建筑的艺术形象为他们的统治服务的。汉高祖刘邦还在打仗的时候，萧何已为他修建了未央宫。刘邦曾发脾气说，战争还未完，那样铺张浪费干什么？萧何却不这么看，他说："天子以四海为家，非令壮丽无以重威。"这就说明萧何知道建筑艺术是有政治意义的。又如吴王夫差为了掩饰战败，却要"高其台榭以鸣得志"，建筑也被他用作外交上的幌子了。

北京的城市和宫殿正是有计划的、有高度思想性和艺术性的建筑，北京全城的总体的完整性是世界都市计划中的卓越的成就。

中国造园艺术的发展

造园的艺术在中国也很早就得到发展。传说周文王有他的灵囿，内有灵台和灵沼。园内有麋鹿和白鹤，池内有鱼。从秦始皇嬴政以来，历代帝王都为自己的享乐修筑了园林。汉武帝刘彻的太液池有"蓬莱三岛"、"仙山楼阁"、柏梁台、金人捧露盘等求神仙的园林建筑和装饰雕刻。宋徽宗赵佶把艮岳万寿山和金明池修得穷极奢侈，成了导致亡国的原因之一。今天北京城内的北海、中海和南海，是在12世纪（金）开始经营，经过元、明、清三朝的不断增修和改建而留存下来的。无疑地它继承了汉代"仙山楼阁"的传统，今天北海琼华岛上还有一个"金人捧露盘"的铜像就可证明这点。北海的艺术效果是明朗、活泼，是令人愉快的。

著名的圆明园已在1860年（清咸丰时）被英、法侵略者焚毁了。封建帝王营建园苑的最后一个例子就是北京西北郊的颐和园。颐和园也是一个有悠久历史的园子。由于天然湖泊和山势的秀美，从元朝起，统治阶级就开始经营和享受它了。今天颐和园的面貌是清乾隆时代所形成，而在那拉氏（西太后）时代所重建和重修的。

颐和园以西山麓下的天然山水——昆明湖和万寿山——为基础。在布局上以万寿山为主体，以昆明湖为衬托。从游览的观点来说，则主要的是身在万寿山，面对昆明湖的辽阔水面；但泛舟游湖的时候则以万寿山为主要景色。这个园子是专为封建帝王游乐享受的，因此在格调上，一方面要求有山林的自然野趣，但同时还要保持着气象的庄严。这样的要求是苛刻的，但是并没有难倒了智慧的匠师们。

那拉氏重修以后的颐和园的主要入口在万寿山之东，在这里是一组以仁寿殿为主的庄严的殿堂，暂时阻挡着湖山景色。仁寿殿之西一组——乐寿堂，则一面临湖，风格不似仁寿殿那样严肃。过了这两组就豁然开朗，湖山尽在眼界中了。由这里，长廊一道沿湖向西行，山坡上参差错落地布置着许多建筑组群。突然间，一个比较开阔的"广场"出现在眼前，一群红墙黄瓦的大组群，依据一条轴线，由湖岸一直上到山尖，结束在一座八角形的高阁上。这就是排云殿、佛香阁的组群，也是颐和园的主要建筑群。这条轴线也是园中唯一的明显的主要轴线。

由长廊继续向西，再经过一些衬托的组群，即到达万寿山西麓。

由长廊一带或万寿山上都可瞭望湖面，因此湖面的对景是极重要的。设计者布置了涵远楼（龙王庙）一组在湖面南部的岛上，又用十七孔白石桥与东岸衔接，而在西面布置了模仿杭州西湖苏堤的长堤，堤上突然拱起成半圆形的玉带桥。这些点缀构成了令人神往的远景，丰富了一望无际的湖面和更远处的广大平原。这样的布置是十分巧妙的。

由湖上或龙王庙北望对岸，则见白石护岸栏杆之上，一带纤秀的长廊，后面是万寿山、排云殿和佛香阁居中。左右许多组群衬托，左右均衡而不是机械的对称。这整座山和它的建筑群，则巧妙地与玉泉山和西山的景色组成一片，正是中国园林布置中"借景"的绝好样本。

万寿山的背面则苍林密茂，碧流环绕，与前山风趣形成强烈的对比。

我们可以说，颐和园是中国园林艺术的一个杰作。

除去这些封建主独享的规模宏大的御苑外，各地地主、官僚也营建了一些私园，其中江南园林尤为有名，如无锡惠山园，苏州狮子林、留园、拙政园等都是极其幽雅精致的。这些私园一般只供少数人在那里饮酒、赋诗、听琴、下棋；但是其中多有高度艺术的处理手法和优美的风格。如何批判吸收，使供广大人民游息之用，就是今后园林设计者的课题了。

中国的陵墓建筑

我们在谈中国建筑的时候，不能不谈到陵墓建筑。

殷墟遗址的发掘，证明3500年前的奴隶主就已为自己建造极其巨大的坟墓了。陕西咸阳一带，至今还存在着几十座周、汉帝王的陵墓，都是巨大的土坟包。

四川许多山崖石上凿出的"崖墓"，说明在汉代坟墓内部已有很多采用了建筑性的装饰。斗拱、梁、枋等都刻在墓门及墓室内部。四川、西康、山东等地的汉墓前多有石阙和石兽。南朝齐、梁帝王的陵墓，则立石碑、神道碑（略似明、清的华表）和天禄、辟邪等怪兽。唐朝帝陵规模极大，陵前多精美的雕刻，其中如唐太宗李世民的昭陵前的"六骏"，是古来就著名的。

明朝以来，采用了在巨大的"宝城""宝顶"之前配合壮丽的建筑组群的方法，其中最杰出的是河北昌平明"十三陵"。

长陵（明成祖朱棣的陵）依山建造，前面有一条长8公里以上的神道，以宏丽的石牌坊开始：其中一段，神道两旁排列着石人石兽，长达800余米。经过若干重的门和桥，到达长陵的裬恩门，门内主要建筑有裬恩殿，大小与故宫太和殿相埒。殿后经过一些门和坊来到宝顶前的"方城"和"明楼"，最后是巨大的宝顶，再后就是雄伟的天寿山——燕山山脉的南部。全部布置和个别建筑的气魄都是宏伟无比的。这个建筑的整体与自然环境的配合，对自然环境的利用，更是令人钦佩的大手笔。

点缀性的建筑小品

在都市的街道、广场或在殿堂的庭院中，往往有许多点缀性的建筑或雕刻。这些点缀品，如同主要建筑一样，不同的民族也各有不同的类型或风格。在中国，狮子、影壁、华表、牌坊等是我们常用的类型，有我们独特的风格，在别的国家也有类似的东西。例如罗马的凯旋门，同我们的琉璃牌坊基本上就是相同的东西，列宁格勒涅瓦河岛尖端上那对石柱就与天安门前那对华表具有同一功用。石狮子不唯中国有，在欧洲，在巴比伦，它们也常常出现在门前。从这些点缀性建筑"小品"中，我们也可以看到每一个时代、每一个民族都有自己的风格来处理这些相似的东西。

侵略势力把欧洲建筑带到中国来了

随着欧洲资本主义的发展，欧洲的传教士把他们的建筑带到东方来了。18世纪中叶，郎世宁为弘历（乾隆帝）设计了圆明园里的"西洋楼"，以满足大封建主的猎奇心理。这些建筑是西式建筑来到中国的初期实例。1860年，英、法侵略军攻入北京，这几座楼随同圆明园一起遭到悲惨的命运。郎世宁的"西洋楼"虽然采取的是意大利文艺复兴后期的形式，但由于中国工人的创造和采用中国琉璃的面饰，取得了很新颖的风格。

1840年鸦片战争以后，帝国主义侵略者以征服者的蛮横姿态，把他们的建筑生硬地移植到中国的土地上来。完全奴化了的官僚、地主和买办们，对它无条件地接受，单纯模仿，在上海、广州、天津那样的"通商口岸"，那些硬搬进来的形形色色的建筑，竟发育成了杂乱无章的"丛林"；而且甚至传播到穷乡僻壤。解放前一个世纪中，中国土地上比较重要的建筑都充分地表现了半殖民地的特征，那些"通商口岸"的建筑更是其中的典型例子。

中国建筑的特征 *

　　中国的建筑体系是在世界各民族数千年文化史中一个独特的建筑体系。它是中华民族数千年来世代经验的累积所创造的。这个体系分布到很广大的地区：西起葱岭，东至日本、朝鲜，南至越南、缅甸，北至黑龙江，包括蒙古在内。这些地区

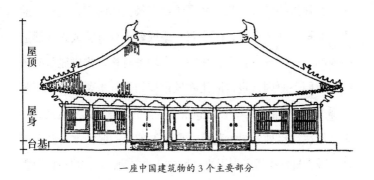

一座中国建筑物的 3 个主要部分

屋顶

屋身

台基

---

* 本文原载《建筑学报》1954年第1期。

的建筑和中国中心地区的建筑，或是同属于一个体系，或是大同小异，如弟兄之同属于一家的关系。

考古学家所发掘的殷代遗址证明，至迟在公元前15世纪，这个独特的体系已经基本上形成了，它的基本特征一直保留到了最近代。3500年来，中国世世代代的劳动人民发展了这个体系的特长，不断地在技术上和艺术上把它提高，达到了高度水平，取得了辉煌成就。

中国建筑的基本特征可以概括为下列9点。

（一）个别的建筑物，一般地由3个主要部分构成：下部的台基，中间的房屋本身和上部翼状伸展的屋顶。

（二）在平面布置上，中国所称为一"所"房子是由若干座这种建筑物以及一些联系性的建筑物，如回廊、抱厦、厢房、耳房、过厅等等，围绕着一个或若干个庭院或天井建造而成的。在这种布置中，往往左右均齐对称，构成显著的轴线。这同一原则，也常应用在城市规划上。主要的房屋一般地都采取向南的方向，以取得最多的阳光。这样的庭院或天井里虽然往往也种植树木花草，但主要部分一般地都有砖石墁地，成为日常生活所常用的一种户外的空间，我们也可以说它是很好的"户外起居室"。

（三）这个体系以木材结构为它的主要结构方法。这就是

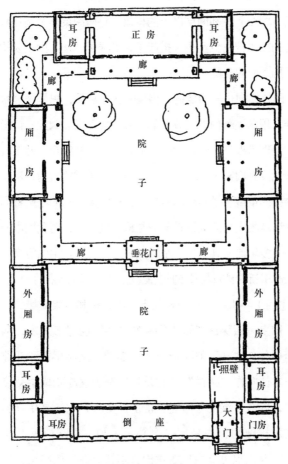

一所北京住宅的平面图

耳房　正房　耳房

廊　廊　廊

厢房　院子　厢房

廊　垂花门　廊

外厢房　院子　外厢房

耳房　照壁　耳房

耳房　倒座　大门　门房

说，房身部分是以木材做立柱和横梁，成为一副梁架。每一副梁架有两根立柱和两层以上的横梁。每两副梁架之间用枋、檩之类的横木把它们互相牵搭起来，就成了"间"的主要构架，以承托上面的重量。

两柱之间也常用墙壁，但墙壁并不负重，只是像"帷幕"一样，用以隔断内外，或分划内部空间而已。因此，门窗的位置和处理都极自由，由全部用墙壁至全部开门窗，乃至既没有墙壁也没有门窗（如凉亭），都不妨碍负重的问题；房顶或上层楼板的重量总是由柱承担的。这种框架结构的原则直到现代的钢筋混凝土构架或钢骨架的结构才被应用，而我们中国建筑在3000多年前就具备了这个优点，并且恰好为中国将来的新建筑在使用新的材料与技术的问题上具备了极有利的条件。

（四）斗拱：在一副梁架上，在立柱和横梁交接处，在柱头上加上一层层逐渐挑出的称作"拱"的弓形短木，两层拱之间用称作"斗"的斗形方木块垫着。这种用拱和斗综合构成的单位叫作"斗拱"。它是用以减少立柱和横梁交接处的剪力，以减少梁的折断之可能的。更早，它还是用以加固两条横木接榫的，先是用一个斗，上加一块略似拱形的"替木"。斗拱也可以由柱头挑出去承托上面其他结构，最显著的如屋檐，上层楼外的"平坐"（露台），屋子内部的楼井、栏杆等。斗拱的装饰性很早就被发现，不但在木构上得到了巨大的发展，并且在砖石建筑上也充分应用，它成为中国建筑中最显著的特征之一。

（五）举折，举架：梁架上的梁是多层的；上一层总比下一层短；两层之间的矮柱（或柁墩）总是逐渐加高的。这叫作"举架"。屋顶的坡度就随着这举架，由下段的檐部缓和的坡度逐步增高为近屋脊处的陡斜，成了缓和的弯曲面。

（六）屋顶在中国建筑中素来占着极其重要的位置。它的瓦面是弯曲的，已如上面所说。当屋顶是四面坡的时候，屋顶的四角也就是翘起的。它的壮丽的装饰性也很早就被发现

平坐斗拱

而予以利用了。在其他体系建筑中，屋顶素来是不受重视的部分，除掉穹隆顶得到特别处理之外，一般坡顶都是草草处理，生硬无趣，甚至用女儿墙把它隐藏起来。但在中国，古代智慧的匠师们很早就发挥了屋顶部分的巨大的装饰性。在《诗经》里就有"如鸟斯革""如翚斯飞"的句子来歌颂像翼舒展的屋顶和出檐。《诗经》开了端，两汉以来许多诗词歌赋中就有更多叙述屋子顶部和它的各种装饰的词句。这证明屋顶不但是几千年来广大人民所喜闻乐见的，并且是我们民族所最骄傲的成就。它的发展成为中国建筑中最主要的特征之一。

（七）大胆地用朱红作为大建筑物屋身的主要颜色，用在柱、门窗和墙壁上，并且用彩色绘画图案来装饰木构架的上部结构，如额枋、梁架、柱头和斗拱，无论外部内部都如此。在使用颜色上，中国建筑是世界各建筑体系中最大胆的。

（八）在木结构建筑中，所有构件交接的部分都大半露出，在它们外表形状上稍稍加工，使其成为建筑本身的装饰部分。例如：梁头做成"桃尖梁头"或"蚂蚱头"；额枋出头做成"霸王拳"；昂的下端做成"昂嘴"，上端做成"六分头"或"菊花头"；将几层昂的上段固定在一起的横木做成"三福云"等等；或如整组的斗拱和门窗上的刻花图案、门环、角叶，乃至如屋脊、脊吻、瓦当等都属于这一类。它们都是结构部分，经过这样的加工而取得了高度装饰的效果。

（九）在建筑材料中，大量使用有色琉璃砖瓦；尽量利用各色油漆的装饰潜力。木上刻花，石面上做装饰浮雕，砖墙上也加雕刻。这些也都是中国建筑体系的特征。

这一切特点都有一定的风格和手法，为匠师们所遵守，为人民所承认，我们可以叫它作中国建筑的"文法"。建筑和语言文字一样，一个民族总是创造出他们世世代代所喜爱、因而沿用的惯例，成了法式。在西方，希腊、罗马体系创造了它们的"5种典范"[①]，成为它们建筑的法式。中国建筑怎样砍割并组织木材成为梁架，成为斗拱，成为一"间"，成为个别建筑物的框架，怎样用举架的公式求得屋顶的曲面和曲线轮廓；怎样结束瓦顶；怎样求得台基、台阶、栏杆的比例；怎样切削生硬的结构部分，使同时成为柔和的、曲面的、图案型的装饰物；怎样布置并联系各种不同的个别建筑，组成庭院；这都是我们建筑上两三千年沿用并发展下来的惯例法式。无论每种具体的实物怎样地千变万化，它们都遵循着那些法式。构件与构件之间，构件和它们的加工处理装饰，个别建筑物与个别建

[①] 所谓5种典范即通常所说的塔什干、陶立克、爱奥尼克、科林斯、混合式等5种柱式。

筑物之间，都有一定的处理方法和相互关系，所以我们说它是一种建筑上的"文法"。至如梁、柱、枋、檩、门、窗、墙、瓦、槛、阶、栏杆、隔扇、斗拱、正脊、垂脊、正吻、戗兽、正房、厢房、游廊、庭院、夹道等等，那就是我们建筑上的"词汇"，是构成一座或一组建筑的不可少的构件和因素。

这种"文法"有一定的拘束性，但同时也有极大的运用的灵活性，能有多样性的表现。也如同做文章一样，在文法的拘束性之下，仍可以有许多体裁，有多样性的创作，如文章之有诗、词、歌、赋、论著、散文、小说等等。建筑的"文章"也可因不同的命题，有"大文章"或"小品"。大文章如宫殿、庙宇等等；"小品"如山亭、水榭、一轩、一楼。文字上有一面横额，一副对子，纯粹作点缀装饰用的。建筑也有类似的东西，如在路的尽头的一座影壁，或横跨街中心的几座牌楼，等等。它们之所以都是中国建筑，具有共同的中国建筑的特性和特色，就是因为它们都用中国建筑的"词汇"，遵循着中国建筑的"文法"所组织起来的。运用这"文法"的规则，为了不同的需要，可以用极不相同的"词汇"构成极不相同的体形，表达极不相同的情感，解决极不相同的问题，创造极不相同的类型。

这种"词汇"和"文法"到底是什么呢？归根说来，它们是从世世代代的劳动人民在长期建筑活动的实践中所累积的经验中提炼出来的，经过千百年的考验，而普遍地受到承认而遵守的规则和惯例。它们是智慧的结晶，是劳动和创造成果的总结。它不是一人一时的创作，它是整个民族和地方的物质和精神条件下的产物。

由这"文法"和"词汇"组织而成的这种建筑形式，既经广大人民所接受，为他们所承认、所喜爱，于是原先虽是从木材结构产生的，它们很快地就越过材料的限制，同样地运用到砖石建筑上去，以表现那些建筑物的性质，表达所要表达的情感。这说明为什么在中国无数的建筑上都常常应用原来用在木材结构上的"词汇"和"文法"。这条发展的途径，中国建筑和欧洲、希腊、罗马的古典建筑体系，乃至埃及和两河流域的建筑体系是完全一样的，所不同者，是那些体系很早就舍弃了木材而完全代以砖石为主要材料。在中国，则因很早就创造了先进的科学的梁架结构法，把它发展到高度的艺术和技术水平，所以虽然也发展了砖石建筑，但木框架还同时被采用为主要结构方法。这样的框架实在为我们的新建筑的发展创造了无比的有利条件。

在这里，我打算提出一个各民族的建筑之间的"可译性"的问题。

如同语言和文学一样，为了同样的需要，为了解决同样的问题，乃至为了表达同样的情感，不同的民族，在不同的时代是可以各自用自己的"词汇"和"文法"来处理它们的。简单的如台基、栏杆、台阶等等，所要解决的问题基本上是相同的，但多少民族创造了多少形式不同的台基、栏杆和台阶。例如热河普陀拉①的一个窗子，就与无数文艺复兴时代的窗子"内容"完全相同，但是各用不同的"词汇"和"文法"，用自己的形式把这样一句"话"说出来了。又如天坛皇穹宇与罗马的布拉曼提所设计的圆亭子，虽然大小不同，基本上是同一体裁的"文章"。又如罗马的凯旋门与北京的琉璃牌楼，罗马的一些纪念柱与我们的华表，都是同一性质，同样处理的市容点缀。这许多例子说明各民族各有自己不同的建筑手法，建造出来各种各类的建筑物，就如同不同的民族有用他们不同的文字所写出来的文学作品和通俗文章一样。

我们若想用我们自己建筑上的优良传统来建造适合于今天我们新中国的建筑，我们就必须首先熟悉自己建筑上的"文法"和"词汇"，否则我们是不可能写出一篇中国"文章"的。关于这方面深入一步的学习，我介绍同志们参考清《工部

---

① 热河普陀拉系指今河北省承德市普陀宗乘之庙。

　　　　　　　　　　　　　　　拙匠随笔

工程做法则例》和宋李明仲的《营造法式》。关于前书，前中国营造学社出版的《清式营造则例》可作为一部参考用书。关于后书，我们也可以从营造学社一些研究成果中得到参考的图版。

建筑和建筑的艺术 *

近两三个月来，许多城市的建筑工作者都在讨论建筑艺术的问题，有些报刊报道了这些讨论，还发表了一些文章，引起了各方面广泛的兴趣和关心。因此在这里以《建筑和建筑的艺术》为题，为广大读者做一点一般性的介绍。

一门复杂的科学——艺术

建筑虽然是一门技术科学，但它又不仅仅是单纯的技术科学，而往往又是带有或多或少（有时极高度的）艺术性的综合体。它是很复杂的、多面性的，概括地可以从3个方面来看。

首先，由于生产和生活的需要，往往许多不同的房屋集中

---

* 本文原载1961年7月26日《人民日报》。

拙匠随笔

在一起，形成了大大小小的城市。一座城市里，有生产用的房屋，有生活用的房屋。一个城市是一个活的、有机的整体。它的"身体"主要是由成千上万座各种房屋组成的。这些房屋的适当安排，以适应生产和生活的需要，是一项极其复杂而细致的工作，叫作城市规划。这是建筑工作的复杂性的第一个方面。

其次，随着生产力的发展，技术科学的进步，在结构上和使用功能上的技术要求也越来越高、越复杂了。从人类开始建筑活动，一直到19世纪后半的漫长的年代里，在材料技术方面，虽然有些缓慢的发展，但都沿用砖、瓦、木、石，几千年没有多大改变，也没有今天的所谓设备。但是到了19世纪中叶，人们就开始用钢材做建筑材料；后来用钢条和混凝土配合作用，发明了钢筋混凝土；人们对于材料和土壤的力学性能，了解得越来越深入、越精确；建筑结构的技术就成为一种完全可以从理论上精确计算的科学了。在过去这100年间，发明了许多高强度金属和可塑性的材料，这些也都逐渐运用到建筑上来了。这一切科学上的新的发展，就促使建筑结构要求越来越高的科学性。而这些科学方面的进步，又为满足更高的要求，例如更高的层数或更大的跨度等，创造了前所未有的条件。

这些科学技术的发展和发明，也帮助解决了建筑物的功能和使用上从前所无法解决的问题。例如人民大会堂里的各种机电设备，它们都是不可缺少的。没有这些设备，即使在结构上我们盖起了这个万人大会堂，也是不能使用的。其他各种建筑，例如博物馆，在光线、温度、湿度方面就有极严格的要求：冷藏库就等于一座庞大的巨型电气冰箱；一座现代化的舞台，更是一个十分复杂的电气化的机器。这一切都是过去的建筑所没有的，但在今天，它们很多已经不是房子盖好以后再加上去的设备，而往往是同房屋的结构一样，成为构成建筑物的不可分割的部分了。因此，今天的建筑，除去那些最简单的小房子可以由建筑师单独完成以外，差不多没有不是由建筑师、结构工程师和其他各工种的设备工程师和各种生产的工艺工程师协作设计的。这是建筑的复杂性的第二个方面。

第三，就是建筑的艺术性或美观的问题。两千年前，罗马的一位建筑理论家就指出，建筑有3个因素：适用、坚固、美观。一直到今天，我们对建筑还是同样地要它满足这3方面的要求。

我们首先要求房屋合乎实用的要求：要房间的大小、高低，房间的数目，房间和房间之间的联系，平面的和上下层之间的关系，以及房间的温度、空气、阳光，等等都合乎使用的

　　　　　　　　　　　拙匠随笔

要求。同时，这些房屋又必须有一定的坚固性，能够承担起设计任务所要求于它的荷载。在满足了这两个前提之后，人们还要求房屋的样子美观。因此，艺术性的问题就扯到建筑上来了。那就是说，建筑是有双重性或者两面性的：它既是一种技术科学，同时往往也是一种艺术，而两者往往是统一的、分不开的。这是建筑的复杂性的第三个方面。

今天我们所要求于一个建筑设计人员的，是对于上面所谈到的3个方面的错综复杂的问题，从国民经济、城市整体的规划的角度，从材料、结构、设备、技术的角度，以及适用、坚固、美观三者的统一的角度来全面了解、全面考虑，对于个别的或成组片的建筑物做出适当的处理。这就是今天的建筑这一门科学的概括的内容。目前建筑工作者正在展开讨论的正是这第三个方面中的最后一点——建筑的艺术或美观的问题。

建筑的艺术性

一座建筑物是一个有体有形的庞大的东西，长期站立在城市或乡村的土地上。既然有体有形，就必然有一个美观的问题，对于接触到它的人，必然引起一种美感上的反应。在北京的公共汽车上，每当经过一些新建的建筑的时候，车厢里往往就可以听见一片评头品足的议论，有赞叹歌颂的声音，也有些批评惋惜的论调。这是十分自然的。因此，作为一个建筑设计人员，在考虑适用和工程结构的问题的同时，绝不能忽略了他所设计的建筑，在完成之后，要以什么样的面貌出现在城市的街道上。

在旧社会里，特别是在资本主义社会，建筑绝大部分是私人的事情。但在我们的社会主义社会里，建筑已经成为我们的国民经济计划的具体表现的一部分。它是党和政府促进生产，改善人民生活的一个重要工具。建筑物的形象反映出人民和时代的精神面貌。作为一种上层建筑，它必须适应经济基础。所以建筑的艺术就成为广大群众所关心的大事了。我们党对这一点是非常重视的。远在1953年，党就提出了"适用、经济，在可能条件下注意美观"的建筑方针。在最初的几年，在建筑设计中虽然曾经出现过结构主义、功能主义、复古主义等等各种形式主义的偏差，但是，在党的领导和教育下，到1956年前后，这些偏差都基本上端正过来了。再经过几年的实践锻炼，我们就取得了像人民大会堂等巨型公共建筑在艺术上的卓越成就。

建筑的艺术和其他的艺术既有相同之处，也有区别，现在先谈谈建筑的艺术和其他艺术的相同之点。

首先，建筑的艺术一面，作为一种上层建筑，和其他的艺术一样，并且是为它的经济基础服务的。不同民族的生活习惯和文化传统又赋予建筑以民族性。它是社会生活的反映，它的形象往往会引起人们情感上的反应。

从艺术的手法技巧上看，建筑也和其他艺术有很多相同之点。它们都可以通过它的立体和平面的构图，运用线、面和体各部分的比例、平衡、对称、对比、韵律、节奏、色彩、表质等等而取得它的艺术效果。这些都是建筑和其他艺术相同的地方。

但是，建筑又不同于其他艺术。其他的艺术完全是艺术家思想意识的表现，而建筑的艺术却必须从属于适用经济方面的要求，要受到建筑材料和结构的制约。一张画、一座雕像、一出戏、一部电影，都是可以任人选择的。可以把一张画挂起来，也可以收起来。一部电影可以放映。一般地它们的体积都不大，它们的影响面是可以由人们控制的。但是，一座建筑物一旦建造起来，它就要几十年几百年地站立在那里。它的体积非常庞大，不由分说地就形成了当地居民生活环境的一部分，强迫人去使用它、去看它，好看也得看，不好看也得看。在这点上，建筑是和其他艺术极不相同的。

绘画、雕塑、戏剧、舞蹈等艺术都是现实生活或自然现象的反映或再现。建筑虽然也反映生活，却不能再现生活。绘画、雕塑、戏剧、舞蹈能够表达它赞成什么，反对什么。建筑就很难做到这一点。建筑虽然也引起人们的感情反应，但它只能表达一定的气氛，或是庄严雄伟，或是明朗轻快，或是神秘恐怖，等等。这也是建筑和其他艺术不同之点。

建筑的民族性

建筑在工程结构和艺术处理方面还有民族性和地方性的问题。在这个问题上，建筑和服装有很多相同之点。服装无非是用一些纺织品（偶尔加一些皮革），根据人的身体，做成掩蔽身体的东西。在寒冷的季节或地区，要求它保暖；在炎热的季节或地区，又要求它凉爽。建筑也无非是用一些砖瓦木石搭起来以取得一个有掩蔽的空间，同衣服一样，也要适应气候和地区的特征。

几千年来，不同的民族，在不同的地区，在不同的社会发展阶段中，各自创造了极不相同的形式和风格。例如，古代埃及和希腊的建筑，今天遗留下来的都有很多庙宇。它们都是用石头的柱子、石头的梁和石头的墙建造起来的。埃及的都很沉重严峻。仅仅隔着一个地中海，在对岸的希腊，却呈现一种轻快明朗的气氛。

又如中国建筑自古以来就用木材形成了我们这种建筑形式，有鲜明的民族特征和独特的民族风格。别的国家和民族，在亚洲、欧洲、非洲，也都用木材建造房屋，但是都有不同的民族特征。甚至就在中国不同的地区、不同的民族用一种基本上相同的结构方法，还是有各自不同的特征。总的说来，就是在一个民族文化发展的初期，由于交通不便，和其他民族隔绝，各自发展自己的文化，岁久天长，逐渐形成了自己的传统，形成了不同的特征。当然，随着生产力的发展，科学技术逐渐进步，各个民族的活动范围逐渐扩大，彼此之间的接触也越来越多，而彼此影响。在这种交流和发展中，每个民族都按照自己的需要吸收外来的东西。每个民族的文化都在缓慢地，但是不断地改变和发展着，但仍然保持着自己的民族特征。

今天，情况有了很大的改变，不仅各民族之间交通方便，而且各个国家、各民族、各地区之间不断地你来我往。现代的自然科学和技术科学使我们掌握了各种建筑材料的力学物理性能，可以用高度精确的科学性计算出最合理的结构；有许多过去不能解决的结构问题，今天都能解决了。在这种情况下，就提出一个问题，在建筑上如何批判地吸收古今中外有用的东西，和现代的科学技术很好地结合起来。我们绝不应否定我们今天所掌握的科学技术对于建筑形式和风格的不可否认的影响。如何吸收古今中外一切有用的东西，创造社会主义的、中国的建筑新风格，正是我们讨论的问题。

美观和适用、经济、坚固的关系

对每一座建筑，我们都要求它适用、坚固、美观。我们党的建筑方针是"适用、经济，在可能条件下注意美观"。建筑既是工程又是艺术；它是有工程和艺术的双重性的。但是建筑的艺术是不能脱离了它的适用的问题和工程结构的问题而单独存在的。适用、坚固、美观之间存在着矛盾，建筑设计人员的工作就是要正确处理它们之间的矛盾，求得三方面的辩证的统一。明显的是，在这三者之中，适用是人们对建筑的主要要求。每一座建筑都是为了一定的适用的需要而建造起来的。其次是每一座建筑在工程结构上必须具有它的功能的适用要求所需要的坚固性。不解决这两个问题，就根本不可能有建筑物的物质存在。建筑的美观问题是在满足了这两个前提的条件下派生的。

在我们社会主义建设中，建筑的经济是一个重要的政治问

拙匠随笔

题。在生产性建筑中，正确地处理建筑的经济问题是我们积累社会主义建设资金、扩大生产再生产的一个重要手段。在非生产性建筑中，正确地处理经济问题是一个用最少的资金，为广大人民最大限度地改善生活环境的问题。社会主义的建筑师忽视建筑中的经济问题，是党和人民所不允许的。因此，建筑的经济问题，在我们社会主义建设中，就被提到前所未有的政治高度。因此，在一切民用建筑中必须贯彻"适用、经济，在可能条件下注意美观"的方针。应该特别指出，我们的建筑的美观问题是在适用和经济的可能条件下予以注意的。所以，当我们讨论建筑的艺术问题，也就是讨论建筑的美观问题时，是不能脱离建筑的适用问题、工程结构问题、经济问题，而把它孤立起来讨论的。

　　建筑的适用和坚固的问题，以及建筑的经济问题都是比较"实"的问题，有很多都是可以用数目字计算出来的。但是建筑的艺术问题，虽然它脱离不了这些"实"的基础，但它却是一个比较"虚"的问题。因此，在建筑设计人员之间，就存在着比较多的不同的看法，比较容易引起争论。

在技巧上考虑些什么？

为了便于广大读者了解我们的问题，我在这里简略地介绍一下在考虑建筑的艺术问题时，在技巧上我们考虑哪些方面。

轮廓　首先我们从一座建筑物作为一个有三度空间的体量上去考虑，从它所形成的总体轮廓去考虑。例如：天安门，看它的下面的大台座和上面双重房檐的门楼所构成的总体轮廓，看它的大小、高低、长宽等等的相互关系和比例是否恰当。在这一点上，好比看一个人，只要先从远处一望，看她头的大小，肩膀的宽窄，胸腰的粗细，四肢的长短，站立的姿势，就可以大致做出结论她是不是一个美人了。建筑物的美丑问题，也有类似之处。

比例　其次就要看一座建筑物的各个部分和各个构件的本身和相互之间的比例关系。例如门窗和墙面的比例，门窗和柱子的比例，柱子和墙面的比例，门和窗的比例，门和门、窗和窗的比例，这一切的左右关系之间的比例，上下层关系之间的比例，等等；此外，又有每一个构件本身的比例，例如门的宽和高的比例，窗的宽和高的比例，柱子的柱径和柱高的比例，檐子的深度和厚度的比例，等等。总而言之，抽象地说，就是一座建筑物在三度空间和两度空间的各个部分之间的，虚与实的比例关系，凹与凸的比例关系，长宽高的比例关系的问题。而这种比例关系是决定一座建筑物好看不好看的最主要的因素。

尺度　在建筑的艺术问题之中，还有一个和比例很相近，但又不仅仅是上面所谈到的比例的问题。我们叫它作建筑物的尺度。比例是建筑物的整体或者各部分、各构件的本身，或者它们相互之间的长宽高的比例关系或相对的比例关系；而所谓尺度则是一些主要由于适用的功能，特别是由于人的身体的大小所决定的绝对尺寸和其他各种比例之间的相互关系问题。有时候我们听见人说，某一个建筑真奇怪，实际上那样高大，但远看过去却不显得怎么大，要一直走到跟前抬头一望，才看到它有多么高大。这是什么道理呢？这就是因为尺度的问题没有处理好。

一座大建筑并不是一座小建筑的简单的按比例放大。其中有许多东西是不能放大的，有些虽然可以稍微放大一些，但不能简单地按比例放大。例如有一间房间，高3米，它的门高2.1米，宽90厘米；门上的锁把子离地板高一米；门外有几步台阶，每步高15厘米，宽30厘米；房间的窗台离地板高90厘米。但是当我们盖一间高6米的房间的时候，我们却不能简单地把门的高宽，门锁和窗台的高度，台阶每步的高宽按比例加一倍。在这里，门的高宽是可以略略放大一点的，但放大也必须合乎人的尺度。例如说，可以放到高2.5米、宽1.1米左右，但是窗台、门把手的高度，台阶每步的高宽却是绝对的，不可改变的。由于建筑物上这些相对比例和绝对尺寸之间的相互关系，就产生了尺度的问题。处理得不好，就会使得建筑物的实际大小和视觉上给人的大小的印象不相称。这是建筑设计中的艺术处理手法上一个比较不容易掌握的问题。从一座建筑的整体到它的各个局部细节，乃至于一个广场，一条街道，一个建筑群，都有着尺度问题。美术家画人也有与此类似的问题。画一个大人并不是把一个小孩按比例放大，按比例放大，无论放多大，看过去还是一个小孩子。在这一点上，画家的问题比较简单，因为人的发育成长有它的自然的、必然的规律。但在建筑设计中，一切都是由设计人员创造出来的，每一座不同的建筑在尺度问题上都需要给予不同的考虑。要做到无论多大多小的建筑，看过去都和它的实际大小恰如其分地相称，可是一件不太简单的事。

　　均衡　在建筑设计的艺术处理上还有均衡、对称的问题。如同其他艺术一样，建筑物的各部分必须在构图上取得一种均衡、安定感。取得这种均衡的最简单的方法就是用对称的方

拙匠随笔

法，在一根中轴线的左右完全对称。这样的例子最多，随处可以看到。但取得构图上的均衡，不一定要用左右完全对称的方法。有时可以用一边高起，一边平铺的方法；有时可以一边用一个大的体积和一边用几个小的体积的方法或者其他方法取得均衡。这种形式的多样性是由于地形条件的限制，或者由于功能上的特殊要求而产生的。但也有由于建筑师的喜爱而做出来的。山区的许多建筑都采取不对称的形式，就是由于地形的限制。有些工业建筑由于工艺过程的需要，在某一部位上会突出一些特别高的部分，高低不齐，有时也取得很好的艺术效果。

节奏　节奏和韵律是构成一座建筑物的艺术形象的重要因素，前面所谈到的比例，有许多就是节奏或者韵律的比例。这种节奏和韵律也是随地可以看见的。例如从天安门经过端门到午门，天安门是重点的一节或者一个拍子，然后左右两边的千步廊，各用一排等距离的柱子，有节奏地排列下去。但是每9间或11间，节奏就要断一下，加一道墙，屋顶的脊也跟着断一下。经过这样几段之后，就出现了东西对峙的太庙门和社稷门，好像引进了一个新的主题。这样有节奏有韵律地一直到达端门，然后又重复一遍到达午门。

事实上，差不多所有建筑物，无论在水平方向上或者垂直方向上，都有它的节奏和韵律。我们若是把它分析分析，就可

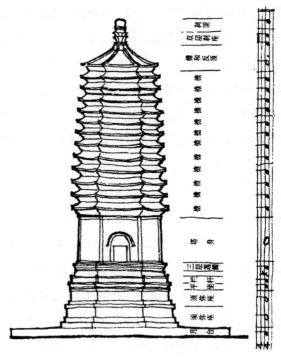

北京天宁寺塔的节奏分析

以看到建筑的节奏、韵律有时候和音乐很相像。例如有一座建筑，由左到右或者由右到左，是一柱，一窗；一柱，一窗地排列过去，就像"柱，窗，柱，窗；柱，窗，柱，窗……"的2／4拍子。若是一柱二窗的排列法，就有点像"柱，窗，窗；柱，窗，窗……"的圆舞曲。若是一柱三窗地排列，就

　　　　　　　　　　　　　　　拙匠随笔

是"柱，窗，窗，窗；柱，窗，窗，窗……"的4／4拍子了。

在垂直方向上，也同样有节奏、韵律，北京广安门外的天宁寺塔就是一个有趣的例子。由下看上去，最下面是一个扁平的不显著的月台；上面是两层大致同样高的重叠的须弥座；再上去是一周小挑台，专门名词叫平坐；平坐上面是一圈栏杆；栏杆上是一个3层莲瓣座；再上去是塔的本身，高度和两层须弥座大致相等；再上去是13层檐子；最上是攒尖瓦顶，顶尖就是塔尖的宝珠。按照这个层次和它们高低不同的比例，我们大致（只是大致）可以看到（而不是听到）这样一段节奏。

我在这里并没有牵强附会。同志们要是不信，请到广安门外去看看，从这张图也可以看出来。

质感　在建筑的艺术效果上另一个起作用的因素是质感，那就是材料表面的质地的感觉。这可以和人的皮肤相比，看看她的皮肤是粗糙或细腻，是光滑还是皱纹很多；也像衣料，看它是毛料、布料或者是绸缎，是粗是细，等等。

建筑表面材料的质感，主要是由两方面来掌握的，一方面是材料的本身，一方面是材料表面的加工处理。建筑师可以运用不同的材料，或者是几种不同材料的相互配合而取得各种艺术效果；也可以只用一种材料，但在表面处理上运用不同的手法而取得不同的艺术效果。例如北京的故宫太和殿，就是用汉白玉的台基和栏杆，下半青砖上半抹灰的砖墙，木材的柱梁、斗拱和琉璃瓦，等等不同的材料配合而成的（当然这里面还有色彩的问题，下面再谈）。欧洲的建筑，大多用石料，打磨得粗糙就显得雄壮有力，打磨得光滑就显得斯文一些。同样的花岗石，从极粗糙的表面到打磨得像镜子一样的光亮，不同程度的打磨，可以取得十几、二十几种不同的效果。用方整石块砌的墙和乱石砌的"虎皮墙"，效果也极不相同。至于木料，不同的木料，特别是由于木纹的不同，都有不同的艺术效果。用斧子砍的，用锯子锯的，用刨子刨的，以及用砂纸打光的木材，都各有不同的效果。抹灰墙也有抹光的，有拉毛的，拉毛的方法又有几十种。油漆表面也有光滑的或者皱纹的处理。这一切都影响到建筑的表面的质感。建筑师在这上面是大有文章可做的。

色彩 关系到建筑的艺术效果的另一个因素就是色彩。在色彩的运用上，我们可以利用一些材料的本色。例如不同颜色的石料，青砖或者红砖，不同颜色的木材，等等。但我们更可以采用各种颜料，例如用各种颜色的油漆，各种颜色的琉璃，各种颜色的抹灰和粉刷，乃至不同颜色的塑料，等等。

在色彩的运用上，从古以来，中国的匠师是最大胆和最富有创造性的。咱们就看看北京的故宫、天坛等等建筑吧。白色的台基，大红色的柱子、门窗、墙壁，檐下青绿点金的彩画，金黄的或是翠绿的或是宝蓝的琉璃瓦顶，特别是在秋高气爽、万里无云、阳光灿烂的北京的秋天，配上蔚蓝色的天空做背景。那是每一个初到北京来的人永远不会忘记的印象。这对于我们中国人都是很熟悉的，没有必要在这里多说了。

装饰 关于建筑物的艺术处理上，我要谈的最后一点就是装饰雕刻的问题。总的说来，它是比较次要的，就像衣服上的滚边或者是绣点花边，或者是胸前的一个别针，头发上的一个卡子或蝴蝶结一样。这一切，对于一个人的打扮，虽然也能起一定的效果，但毕竟不是主要的。对于建筑也是如此，只要总的轮廓、比例、尺度、均衡、节奏、韵律、质感、色彩等等问题处理得恰当，建筑的艺术效果就大致已经决定了，假使我们能使建筑像唐朝的虢国夫人那样，能够"淡扫蛾眉朝至尊"，那就最好。但这不等于说建筑就根本不应该有任何装饰。必要的时候，恰当地加一点装饰，是可以取得很好的艺术效果的。

要装饰用得恰当，还是应该从建筑物的功能和结构两方面去考虑。再拿衣服来做比喻。衣服上的装饰也应从功能和结构上考虑，不同之点在于衣服还要考虑到人的身体的结构。例如领口、袖口、旗袍的下摆、叉子、大襟都是结构的重要部分，有必要时可以绣些花边；腰是人身结构的"上下分界线"，用一条腰带来强调这条分界线也是恰当的。又如口袋有它的特殊功能，因此把整个口袋或口袋的口子用一点装饰来突出一下也是恰当的。建筑的装饰，也应该抓住功能上和结构上的关键来略加装饰。例如，大门口是功能上的一个重要部分，就可以用一些装饰来强调一下。结构上的柱头、柱脚、门窗的框子、梁和柱的交接点，或是建筑物两部分的交接线或分界线，都是结构上的"骨节眼"，也可以用些装饰强调一下。在这一点上，中国的古代建筑是最善于对结构部分予以灵巧的艺术处理的。我们看到的许多装饰，如挑尖梁头、各种的云头或荷叶形的装饰，绝大多数就是在结构构件上的一点艺术加工。结构和装饰的统一是中国建筑的一个优良传统。屋顶上的脊和鸱吻、兽头、仙人、走兽等等装饰，它们的位置、轻重、大小，也是和屋顶内部的结构完全一致的。

由于装饰雕刻本身往往也就是自成一局的艺术创作，所以上面所谈的比例、尺度、质感、对称、均衡、韵律、节奏、色彩等等方面，也是同样应该考虑的。

当然，运用装饰雕刻，还要按建筑物的性质而定。政治性强，艺术要求高的，可以适当地用一些。工厂车间就根本用不着。一个总的原则就是不可滥用。滥用装饰雕刻，就必然欲益反损，弄巧成拙，得到相反的效果。

有必要重复一遍：建筑的艺术和其他艺术有所不同，它是不能脱离适用、工程结构和经济的问题而独立存在的。它虽然对于城市的面貌起着极大的作用，但是它的艺术是从属于适用、工程结构和经济的考虑的，是派生的。

此外，由于每一座个别的建筑都是构成一个城市的一个"细胞"，它本身也不是单独存在的。它必然有它的左邻右舍，还有它的自然环境或者园林绿化。因此，个别建筑的艺术问题也是不能脱离了它的环境而孤立起来单独考虑的。有些同志指出：北京的民族文化宫与它的左邻右舍水产部大楼和民族饭店的相互关系处理得不大好。这正是指出了我们工作中在这方面的缺点。

总而言之，建筑的创作必须从国民经济、城市规划、适用、经济、材料、结构、美观等等方面全面地综合地考虑。而它的艺术方面必须在前面这些前提下，再从轮廓、比例、尺度、质感、节奏、韵律、色彩、装饰等等方面去综合考虑，在各方面受到严格的制约，是一种非常复杂的、高度综合性的艺术创作。

中编　城市与规划

市镇的体系秩序 *

　　凡是一个机构，必须有组织有秩序方能运用收效。人类群居的地方，所谓市镇者，无论是由一个小村落蔓延而成（如古代的罗马，近代的伦敦），或是预先计划，按步建造（如古之长安，今之北平、华盛顿），也都是一种机构。这机构之最高目的在使居民得到最高度的舒适，在使居民工作达到最高度的效率，就是古谚所谓使民"安居乐业"4个字。但若机构不健全，则难达到预期目的。

　　使民"安居乐业"是一个经常存在的社会问题，而在战后之中国，更是亟待解决。在我国历史上，每朝兴华，营国筑室，莫不注重民居问题。汉高祖定都关中，"起五里于长安城

---

　　* 本文原载1945年8月重庆《大公报》，后刊入1945年10月国民政府内政部主编的《公共工程专刊》第一集。

中，宅二百区，以居贫民"。隋文帝以"京城宫阙之间，民居杂处，不便于民，于是皇城之内，唯列府寺，不使杂人居止"。虽如后周世宗营建汴京，尚且下诏说"阊巷隘狭……多火烛之忧；每遇炎蒸，易生疫疾"。所以"开广都邑，展行街坊"时，他知道这工作之困难与可能遇到的阻力，所以引申的解说，"虽然暂劳，久成大利……朕通览康衢，更思通济"。现在我们适承大破坏之后，复员开始，回看历史建设的史实，前望我们民族将来健康与工作效率所维系，能不致力于复兴市镇之计划？

市镇计划（City planning）虽自古已有，但因各时代生活方式之不同，其观念与着重点时有改变。近数十年来，因受了拿破仑三世时巴黎知事郝斯曼开辟广直的通衢，安置凯旋门或铜像一类的点缀品的影响，社会上竟误认这类市容的装饰与点缀为"市镇计划"实现之本身，实是莫大的错误。殊不知1850年时代的法国，方才开始现代化，还未完全脱离中世纪的生活方式。且在革命骚乱之后，火器刚始发明之时，为维持巴黎社会之安宁与秩序，便利炮车骑兵之疾驰，必须拆除城垣，广开干道。在干道两旁，虽建立制式楼屋，以撑门面，而在楼后湫隘拥挤的小巷贫居，却是当时地方官所不感兴趣的问题。

现代的国家，如英美，以人民的安适与健康为前提，人民

　　　　　　　　　　　　拙匠随笔

生活安适，身心健康，工作效率自然增高。如苏联，以生产量为前提，为求生产效率之增高，必先使人民生活安适，身心健康。无论着重点在哪方面，孰为因果，而人民安适与健康是必须顾到的。假如居住的问题不得合理的解决，则安适与健康无从说起。而居住的问题，又不单是一所住宅或若干所住宅的问题，就是市镇计划的问题。所以市镇计划是民生基本问题之一，其优劣可以影响到一个区域乃至整个市镇的居民的健康和社会道德、工作效率。

中世纪的市镇，其第一要务是保障居民之安全，安全之第一威胁是外来的攻击，其对策是坚厚的城墙、深阔的壕沟为防御。至于工作，都是小的手工业；交通工具只有牛马车，或驮牲与人力；科学知识未发达，对于卫生上所需的光线与空气既无认识，更谈不到设计；高的疾病死亡率，低的生产率，比起防御攻击之重要，不可同日而语，幸而中世纪的市镇，人口虽然稠密，面积却总很小，所以林野之趣，并不难得。人类几千年来，在那种情形的市镇里亦能生活，产生灿烂的文化。

但自19世纪后半以来，市镇发生了史无前例的发展，大工业的发达与铁路之建造，促成了畸形的人口集中，在工厂四周滋生了贫民窟（slum），豢养疫疾，制造罪恶。因交通工具之便利，产生了都市中的车辆流通问题，在早午晚上班下班的时候，造成惊人的拥挤现象，因贫民窟之容易滋生，使房屋地皮落价，影响市产价值。凡此种种，已是欧美都市的大问题。而在中国，因工业落后，除去津沪汉港等大都市外，尚少这种现象发生。

但在抗战胜利建国开始的关头，我们国家正将由农业国家开始踏上工业化大道，我们的每一个市镇都到了一个生长程序中的"青春时期"。假使我们工业化进程顺利发育，则在今后数十年间，许多的市镇农村恐怕要经历到前所未有的突然发育。这种发育，若能预先计划，善予辅导，使市镇发展为有秩序的组织体，则市镇健全，居民安乐，否则一旦错误，百年难改，居民将受其害无穷。

一个市镇是会生长的，它是一个有机的组织体。在自然界中，一个组织体是由多数的细胞合成，这些细胞都有共同的特征，有秩序地组合而成物体，若是细胞健全，有秩序地组合起来，则物体健全。若细胞不健全，组合秩序混乱，便是疮疥脓包。一个市镇也如此。它的细胞是每个建筑单位，每个建筑单位有它的特征或个性，特征或个性过于不同者，便不能组合为一体。若使勉强组合，亦不能得妥善的秩序，则市镇之组织体必无秩序，不健全。所以市镇之形成程序中，必须时时刻刻顾虑到每个建筑单位之特征或个性；顾虑到每个建筑单位与其他

拙匠随笔

单位间之相互关系（Correlation），务使市镇成为一个有机的秩序组织体。古今中外健全的都市村镇，在组织上莫不是维持并发展其有机的体系秩序的。近百年来欧美多数大都市之发生病症，就是因为在社会秩序经济秩序突起变化时期，千万人民的幸福和千百市镇的体系，试验出了他们市镇体系发展秩序中的错误，我们应知借鉴，力求避免。

上文已经说过，欧美市镇起病主因在人口之过度集中，以致滋生贫民区，发生车辆交通及地产等问题。最近欧美的市镇计划，都是以"疏散"（Decentralization）为第一要义。然而所谓"疏散"，不能散漫混乱。所以美国沙理宁（Eliel Saarinen）教授提出，"有机性疏散"（Organic decentralization）之说。而我国将来市镇发展的路径，也必须以"有机性疏散"为原则。

这里所谓"有机性疏散"是将一个大都市"分"为多数的"小市镇"或"区"之谓。而在每区之内，则须使居民的活动相当集中。人类活动有日常活动与非日常活动两种：日常活动是指其维持生活的活动而言，就是居住与工作的活动。区内之集中，是以其居民日常生活为准绳。区之大小以使居民的住宅与工作地可以短时间——约20分钟——步行到达为准。在这区之内，其大规模的工商业必需的建置，如学校、医院、图书馆、零售商店、菜市场、饮食店、娱乐场、游戏场等，在区内均应齐备，使成为一个自给自足的"小市镇"。在区与区之间，设立"绿荫地带"，作为公园，为居民游息之所。务使一个大都市成为多数"小市镇"——区的——集合体，在每区之内将人口稠密度以及建筑面积加以严格的限制，不使成为一个庞大无限量的整体。

现在欧美的大都市大多是庞大的整体。工商业中心的附近大多成了"贫民区"。较为富有的人多避居郊外，许多工人亦因在工作地附近找不到住处，所以都每日以两小时的时间耗费在火车、电车或汽车上，在时间、精力与金钱上都是莫大的损失。伦敦700万人口中，有10万人以运输别人为职业（市际交通及货物运输除外），在人力物力双方是何等的不经济。现在伦敦市政当局正谋补救，而其答案则为"有机性疏散"。但是如伦敦纽约那样的大城市，若要完成"有机性疏散"的巨业，恐怕至少要五六十年。

现在我们既见前车之鉴，将来新兴的工商业中心。尤其是工业中心，必须避蹈覆辙。县市当局必须视各地工商业发展之可能性，预为分区，善予辅导。否则一朝错误，子孙吃苦，不可不慎。

至于每区之内，虽以工厂或商业机构或行政机构为核心，但市镇设计人所最应注意者乃在住宅问题。因为市镇之主要功用既在使民安居乐业，则市镇之一切问题，应以人的生活为主，而使市镇之体系方面随之形成。生活的问题解决须同时并求身心的康健。欲求身心康健，不唯要使每个人的居室舒适清洁，而且必须使环境高尚。我们要使居住的环境有促进居民文化水准的力量。我们必须注意到物质环境对于居民道德精神的影响。所以我们不求在颓残污秽的贫民区里建立一座奢华的府第，因为建筑是不能独善其身的，它必须择邻。我们计划建立市镇时，务须将每一座房屋与每一个"邻舍"间建立善美的关系，我们必须建立市镇体系上的"形式秩序"（Form-order），在善美有规则的形式秩序之中，自然容易维持善美的"社会秩序"（Social-order）。这两者有极强的相互影响力。犹之演剧，必须有适宜的舞台与布置，方能促成最高艺术之表现；而人生的艺术，更是不能脱离其布景（环境）而独臻善美的。同时，更因人类亦有潜在的"反文化性"，趋向卑下与罪恶，若有高尚的市镇体系秩序为环境，则较适宜于减少或矫正这种恶根性。孟母三迁之意或即在此。

关于住宅区设计的技术方面，这里不能详细的讨论，但是几个基本原则，是保护居民身心健康所必需。

一、建筑居室不只求身体的舒适，必亦使精神愉快；因为精神不愉快则不能有健康的身体。所以居室建筑必顾及身心两方面的舒适。

二、每个民族有生活传统的习惯，居室建筑必须适合社会的方式（这习惯当然不是指随地吐痰便溺一类的恶习惯而言，乃其是指家庭组织，婚丧礼节传统而言）。改变建筑固然可以改变生活之效，但完全不予以适合，则居室便可成为不合用的建筑。

三、每区内之分划（Subdivision），切不可划作棋盘，必须善就地形，并与全市交通干道枢纽等取得妥善的关系，以保障住宅区之宁静与路上安全，区内各部分，视其不同之性质，规定人或建筑面积之比例，以保障充分的阳光与空气。

四、在住宅之内，我们要使每一个居民的寝室与工作室分别，在寝室内工作或在工作室内睡觉是最有害健康的布置。

五、我们要提出"一人一床"的口号。现在中国有四万万五千万人，试问其有多少张床？无论市镇乡村，我们随时看见工作的人晚上就在工作室中，或睡在桌子上，或打地铺。这种生活是奴隶的待遇。为将来中华民国的人民，我们要求每人至少晚上须有床睡觉。若是连床都没有，我们根本谈不到提高生活程度，更无论市镇计划。

六、我们要使每个市镇居民得到最低限度的卫生设备。我

拙匠随笔

们不一定家家有澡盆，但必须家家有自来水与抽水厕所。我们必须打倒马桶。因此，市镇建设中给水与排水都是最重要的先决问题。

有了使人身心安适的住宅，便可增进家庭幸福，可以养育身心健康的儿童，或为强健高尚的国民，养成自尊自爱的民族性。

为达到使人民安居乐业，我们要致力于市镇体系秩序之建立，以为建立社会秩序的背景。为达到市镇体系秩序之建立，我们要每一个县城市镇都应有计划的机关，先从事于社会经济之调查研究，然后设计；并规定这类调查研究工作，为每一县市经常设立的机关；根据历年调查统计，每5年或10年将计划加以修正。凡市镇一切建设必须依照计划进行。为达到此目的，各地方政府必须立法，预为市镇扩充而扩大其行政权；控制地价；登记土地之转让；保护"绿荫地带"之不受侵害；控制设计样式。凡此法例规程，在不侵害个人权益前提之下，市镇必须得成为整个机构而计划之。这不只是官家的事，而是每个市镇居民幸福所维系，其成败实有赖市镇里每个居民的合作。

最后我们还要附带的提醒：为实行改进或辅导市镇体系的长成，为建立其长成中的体系秩序，我们需要大批专门人才，专门建筑（不是土木工程），或市镇计划的人才。但是今日中国各大学中，建筑系只有两三处，市镇计划学根本没有。今后各大学的增设建筑系与市镇计划系，实在是改进并辅导形成今后市镇体系秩序之基本步骤。这却是教育当局的责任了。

关于中央人民政府行政中心区位置的建议 *
（梁陈方案）

梁思成　　陈占祥 **

建议：早日决定首都行政中心区所在地，并请考虑按实际的要求，和在发展上有利条件，展拓旧城与西郊新市区之间地区建立新中心，并配合目前财政状况逐步建造。

为解决目前一方面因土地面积被城墙所限制的城内极端缺乏可使用的空地情况，和另一方面西郊敌伪时代所辟的"新市

＊本文由梁思成、陈占祥合写于1950年2月。当时印了百余份，分送中央人民政府、中共北京市委、北京市人民政府有关单位。——左川注

＊＊陈占祥（1916—2001），20世纪40年代曾在英国利物浦大学获城市规划专业硕士学位，后又读伦敦大学城市规划专业博士。回国后，任南京内政部营造司正工程师。1949年任北京市都市计划委员会企划处处长和北京市建筑设计院副总建筑师。"文革"后任中国城市规划设计研究院总规划师。

关于中央人民政府行政中心区位置的建议（梁陈方案）／ **135**

区"又离城过远，脱离实际上所必需的衔接，不适用于建立行政中心的困难，建议展拓城外西面郊区公主坟以东、月坛以西的适中地点，有计划地为政府行政工作开辟政府行政机关所必需足用的地址，定为首都的行政中心区域。

西面接连现在已有基础的新市区，便利即刻建造各级行政人员住宅，及其附属建设亦便于日后发展。

东面以4条主要东西干道，经西直门、阜成门、复兴门、广安门同旧城联络。入复兴门之干道则直通旧城内长安街干道上各重点：如市人民政府、新华门中央人民政府、天安门广场等。

新中心同城内文化风景区、博物馆区、庆典集会大广场、商业繁荣区、市行政区的供应设备，以及北城、西城原有住宅区，都密切联系着，有合理的短距离。新中心的中轴线距复兴门不到2公里。

这整个新行政区南面向着将来的铁路总站，南北展开，建立一新南北中轴线，以便发展的要求，解决旧城区内拥挤的问题。北端解决政府各部机关的工作地址，南端解决即将发生的全国性工商企业业务办公需要的地区面积。

目的在不费周折地平衡发展大北京市；合理地解决行政区所需要的地址面积和合适的位置；便利它的交通和立刻逐步建造的工程程序。这样可以解决政府办公，也逐渐疏散城中密度已过高的人口，并便利其他区域，因工业的推进，与行政区在合理的关系中同时或先后的发展。

以下分3节讨论：

第一节——必须早日决定行政中心区的理由。

第二节——需要发展西面城郊建立行政中心区的理由。

（一）建设首都行政机关，有什么客观条件。

（二）旧城区内建筑政府行政机关的困难与缺点。

（三）逃避解决区域面积的分配，片面地设法建造办公楼，不是解决问题，还加增全市性的严重问题。

（四）在西郊近城空址建立行政中心区域是全面解决问题，是切合实际的计划。

第三节——发展西郊行政区可以逐步实施程序，以配合目前财政状况，比较拆改旧区为经济合理。

第一节　必须早日决定行政中心区的理由

政府机构中心或行政区的位置，是北京全部都市计划关键所系的先决条件。

北京不只是一个普通的工商业城市，而是全国神经中枢的首都。我们不但计划它成为生产城市，合理依据北京地理条件，在东郊建设工业，同旧城的东北东南联络，我们同时是作建都的设计——我们要为繁重的政府行政工作计划一合理位置的区域，来建造政府行政各机关单位，成立一个有现代效率的政治中心。

政府行政的繁复的机构是这次发展中大项的建设之一。这整个行政机构所需要的地址面积，按工作人口平均所需地区面积计算，要大过于旧城内的皇城（所必需附属的住宅区，则要3倍于此）。故如何布置这个区域将决定北京市发展的方向和今后计划的原则，为计划时最主要的因素。

更具体地说，安排这庞大的、现代的、政府行政机构中的无数建筑在何地区，将影响全市区域分配原则和交通的系统。各部门分布的基础，如工作区域、服务区域、人口的密度、工作与住宿区域间的交通距离等，都将依据着行政区的位置，或得到合理的解决，或发生难于纠正的基本上错误，长期成为不得解决的问题。

行政中心地区的决定，同时也决定了对北京旧城改善的政策。北京的现况有两方面可注意的。

一为人口密集于旧城区以内，这有限的土地已过度使用为房屋建造部分；所应留的公园、空场、树林区极端缺乏，少过于现代的应有比率太多。

　　　　　　　　　　拙匠随笔

二为北京为故都及历史名城，许多旧日的建筑已为今日有纪念性的文物，不但它们的形体美丽，不允许伤毁，它们的位置部署上的秩序和整个文物环境，正是这名城壮美特点之一，也必须在保护之列，不允许随意掺杂不调和的形体，加以破坏，所以目前的政策必须确定，即：是否决意展拓新区域，加增可用为建造的面积，逐步建造新工作所需要的房屋和工作人口所需要的住宅、公寓、宿舍之类；也就是说，以展拓建设为原则，逐渐全面改善、疏散、调整、分配北京市，对文物及其环境加以应有的保护。或是决意在几年中完成大规模的迁移，改变旧城区的大部使用为原则——即将现时130万居民逐渐迁出90万人，到了只余40万人左右，以保留40万的数额给迁入的政府工作人员及其服务人员，两数共达80万人的标准额，使行政工作全部安置存旧城之内，大部居民迁住他处为原则。现时即开始在旧市区内一面加增密集的多层建筑为政府机关，先用文物风景区或大干道等较空地区为其地址，一面再不断地收买拆除已有高额人口的民房商店区域，利用其址建造政府机关房屋，以达到这目的（不考虑如何处理迁徙居民的复杂细节，或实际上迁出后居民所必需有的居住房屋的建造问题；也不考虑短期内骤增的政府工作人员的居住问题，和改变北京外貌的问题）。

这两个方面的决定，是原则上问题，政策上的决定问题，亦是在今后处理方法上是否合理及可能，有利或经济的问题，今日必须缜密周详地考虑到。

总之，如何安排这政府机关建筑的区域是会影响全城整个的计划原则，所有的区域道路系统和体形外观的，如果原则上发生错误，以后会发生一系列难以纠正的错误，关系北京百万人民的工作、居住和交通。所以在计划开始的时候，政府中心地址问题必须最先决定，否则一切无由正确进行。

因此，我们建议按客观条件详细考虑发展西城郊址是否适当，早日决定，俾其他一切有所遵循，北京市都市计划可以迅速推进。

第二节　需要发展西面城郊建立行政中心区的理由

需要发展西面城郊地址为行政区的理由可由下面4段分别讨论：

（一）建设首都行政机关，有什么客观条件

定为首都的北京市的一切发展必须依据全市有计划的区域部署的基础，及其间的交通联系，所以我们必须客观地明了北

京现时情况及将来发展的客观条件，加以缜密的考虑。

参考苏联1943年起重建所收复的沦陷过的有历史价值城市的宗旨，她的建筑史家N.窝罗宁教授在他所著《苏联卫国战争被毁地区之重建》一书中，曾提到许多历史名城如诺夫哥洛、加里宁、斯莫棱斯克及伊斯特拉等城在重建时之特殊问题，他提纲挈领的建议是：

> 计划一个城市的建筑师，必须顾到所计划的地区的生活历史传统和建筑的传统，在他的设计之中，必须保留合理的，有历史价值的一切，和在房屋型类和都市计划上特征的一切；同时这城市必须成为自然环境中的一部分。……并且要避免恶劣意义的标准化；他必须采纳当地人民所珍贵的一切。第一条必须遵守的规则是人民的便利、人民的经济的和美感的条件，和习惯的、文化的需要。最后的计划是依据这些要点而决定的。……

他又说：

> 在计划的时候，都市计划者必须有预见将来的眼光，他必须知道并且感觉出一个地区生活所取的方向，他的建筑必

须使他的房屋和他的城市能与生活的进步一同生长发展，不是阻挠，而是按照今天进展的速度予以协助。所以基本计划应该为城市今后十年至十五年的期间的发展而设计的。

这是极其正确的看法，现在我们实际上的问题也是必须为人民的便利、人民的经济的和美感的条件，和习惯的、文化的需要，而计划能与生活的进步一同生长发展的北京市。

根据这些原则去研究，寻求建筑政府行政机关地区的最重要的客观条件，我们认为有以下十一条：

第一个条件，要合于部署原则，如：

（1）"须预感出地区生活所取的方向"——即把握北京为首都的事实，行政工作为它的特殊方向，注意其重要性质。

（2）行政中心区的部署的本身必须为改善并发展大北京计划之一部分。在面积已21倍于旧城区的北京市中，行政区所选择的位置必须是协助发展的位置。它必须不妨碍本身和其他区域发展的趋势。

（3）行政区同他种作用的区域须有合理的关系，有便利与经济的联络，而不是将政府机关房屋混杂到其他区域之内。

（4）"为文化及习惯的需要"，保留中国都市计划的优美特征，不模仿不合便利条件，不合美感条件，或破坏本国优美传统的欧洲城市类型（亦即避免欧洲19世纪以大建筑物长线的沿街建造，迫临交通干道所产生的大错误）。遵守民族传统，建立有中心线的布局，每一个单位各有足够的广庭空间的托衬，有东方艺术的组织。尤其因为这种部署能符合最现代空间同建筑物的比率，最现代控制交通和解决停车问题的形制，所以更应采用。

（5）它全部显著地表现出中华人民共和国政府中心所在及被人民所爱护尊崇的印象，产生精神作用，为庄严整肃的环境。

第二个条件，要有建筑形体上决定：

建筑本身的形体必须是适合于现时代有发展性的工作需要的布置；必须忠实地依据现代经济的材料和技术；必须能同时利用本土材料，表现民族传统特征及现时代精神的创造；不是盲目地模仿古制或外国形式。

第三个条件，要有足用的面积：

行政区本身的区域的范围，须按各单位所需之地址面积和它们之间彼此联系的合理距离而定，以取得现代行政工作的最高效率。地址必须为庞大数目的政府机关基本人员（暂时为6万人左右，发展足额时，或不止此数的双倍），连同附属服务人员，共约30余万人足用的面积。

第四个条件，要有发展余地：

面积不单为今日人数计算，必须设在有发展余地的地方，以适应将来的需要，解决陆续嬗变扩充的问题。

第五个条件，须省事省时，避免劳民伤财：

不必为新建设劳民伤财，迁徙大量居民，拆除大量房屋，增加复杂手续，耽误时间。考虑选择的地址以能直接设计建造行政区的一部和住宅的一部为最妥。

第六个条件，不增加水电工程上的困难而是发展：

在经济条件下，配合新建设，发展进步的水电供应设备，不必改良修理已过分不适用及过分繁复的旧工程系统，是必须考虑的。

第七个条件，与住宅区有合理的联系：

政府区必须与同他有密切关联的住宅区及其供应服务的各种设备地点没有不合理的远距离，以加增每日交通的负担。

第八个条件，要使全市平衡发展：

这新政府中心的建立必须使大市区平衡发展繁荣，不应使形成过度拥挤，不易纠正的密集区，一切须预先估计，不应将建设密集在旧城以内，使人口因接近工作而增加，商业因供应之需要而增加，都无法控制。

第九个条件，地区的选定能控制车辆合理流量：

必须顾到交通线方面问题，不使因新建设反而产生不可挽回的车辆流量过大及过于复杂的畸形地区，违反现代部署的目的。

第十个条件，不勉强夹杂在不适宜的环境中间：

这崭新的全国政治中心的建筑群，绝不能放弃自己合理的安排及秩序，而去夹杂在北京原有文物的布局或旧市中间，一方面损失旧城体形的和谐，或侵占市内不易得的文物风景区，或大量的居民住区，或已有相当基础的商业区，另一方面本身亦受到极不合理的限制，全部凌乱，没有重心。

第十一个条件，要保护旧文物建筑：

在新建设的计划上，必须兼顾北京原来的布局及体形的作风，我们有特殊责任尽力保护北京城的精华，不但消极地避免直接破坏文物，亦须积极地计划避免间接因新旧作风不同而破坏文物的主要环境。我们应该学习苏联在这次战后重建中对他们的历史名城诺夫哥洛等之用心，由专家研讨保存旧观。

以上十一个不同的条件大部分正是为人民的便利及经济条件，一部分为美感习惯及文化的需要。它们都是基本的要求，无法不加以考虑。

对于以上十一个条件，旧城区内和西郊公主坟以东的地区，哪一处能满足它们？哪一处在发展上较为有利、经济，节省人力、物力、时间？我们在下面分别加以检讨分析。

（二）旧城区内建筑政府行政机关的困难与缺点

在旧城区内建筑政府中心的困难有两大方面：

第一，北京原来布局的系统和它的完整，正是今天不可能安置庞大工作中心区域的因素。

第二，现代行政机构所需要的总面积至少要大过于旧日的皇城，还要保留若干发展余地。在城垣以内不可能寻出位置适当而又足够的面积。

要了解上面第一种困难，我们必须对旧城有最基本的两个认识。

第一个认识是，北京城之所以因艺术文物而著名，就是因为它原是有计划的壮美城市，而到现在仍然很完整地保存着。除却历史价值外，北京的建筑形体同它的街道区域的秩序都有极大的艺术价值，非常完美。所以北京旧城区是保留着中国古代规制，具有都市计划传统的完整艺术实物。

这个特征在世界上是罕贵无比的。欧洲的大城市都是蔓延滋长，几经剧烈改变所形成的庞杂组合。它们大半是由中古城堡、市集，杂以18世纪以后仿古宫殿大苑，到19世纪初期工业

拙匠随笔

无秩序的发展后，又受到工厂掺杂密集，和商业化沿街高楼的损害，铸成区域紊乱，交通困难的大错。到了近30年来才又设法"清除"改善，以求建立秩序的。

不过，北京城的有秩序部署，有许多方面是过去政治制度所促成的。它特别强调皇城的中心性，将主要的建筑组群集中在南北中轴线上，所分布的区域是6平方公里强的皇城。所以内城的其他区域都是环绕或左右辅翼这皇城的狭窄长条地带，再没有开展的其他中心。中轴线的左右，东西对视着的是贯通南北的两条大街干道，即是东单东四、西单西四等牌楼所在，所谓商业的区域。由这干道分出去的，都是向着东西走的小型街道（即所谓胡同），为居民居住区。这种布局的紧凑，也就使今日北京城内没有虚隙地址，可以适当地安置另有中心性质的，尤其是要适合现代便利的大工作地区。

第二个认识是，北京的城墙是适应当时防御的需要而产生的，无形中它便约束了市区的面积。事实上近年的情况，人口已增至两倍，建造的面积早已猛烈地增大，空址稀少，园林愈小。平均每平方公里人口到了21400余人的密度，超出每平方公里8000余人的现代标准甚多。但因为城墙在心理上的约束，新的兴建仍然在城区以内拥挤着进行，而不像其他没有城墙的城市那样向郊外发展。多开辟新城门，城乡交通本是不成问题的；在新时代的市区内，城墙的约束事实上并不存在。城乡不应尖锐对立。今日城区的拥挤，人口密度之高，空地之缺乏，园林之稀少，街道宽度之未合标准，房荒之甚，一切事实都显示着必须发展郊区的政策。其实市人民政府所划的大北京市界内的面积已21倍于旧城区，政策方向早已确定。旧时代政治经济上的阻碍早经消除，今天的计划，当然应该适合于今后首都的发展，不应再被心理上一道城墙所限制，所迷惑。现在这首都建设中两项主要的巨大工作——发展工业和领导全国行政——都是前所未有的。它们需要有中心的区域，在旧城内不可能有适当的地址，是太显然了。

再讲以上第二点所提到的困难，城内地区面积的不足问题，这也是事实上具体的限制。北京的历史从辽到金、元，每次移动发展过程，都是因为地区不足，随着生活发展，或增大城区，或开辟新址。到了明朝初年，就又有衙署地区不足的现象和民居商业区不足的现象，将内城垣南移，取得东西交民巷区的史实，就可以证明前一点（司法部街就是展拓后的新刑部所在）。增筑外城则可证实后一点。

这个城，外为当时防御必要的城垣，内则因当时政治制度，把当中最主要的位置留给皇城，其全部建筑群，占据极大面积（由中华门到地安门，长达3.2公里的中轴线上，为一整

拙匠随笔

体的宫廷部署。现在已是人民的公园，人民的博物馆，也是整个地保存着）。这个故宫中心本来将城之南半东西隔绝，民国以后虽打通天安门广场，将东西长安街贯通，辟为寻常孔道，开放皇城为寻常区域，并且开了景山前大街，为北面的东西干道。但故宫的位置仍然广大，占据着城的核心。内城中心区内所余的区域都是环卫辅翼故宫禁城而形成的窄条地带，旧时内府供应及衙署地址，如南北长街、府右街、南北池子和皇城外的王府井大街等，再无任何可以开展之区。内城最外环的干线，如由东单牌楼至东四牌楼，西单牌楼至西四牌楼，则一向为民用的主要街市，由此主要干道分入，个别的"胡同"型的住宅区域已到了城边，这些亦是有秩序的部署，不留开展的区域。

面积相当大，自己能起中心作用，有南北中轴线，而入口又面临干道的，只余中南海一处，现时为中央人民政府。这是北京城唯一不规则的部署所产生的偏旁中线。更偏西一点，现时市政府所在之地，或可说亦能满足有南北轴线而面临干道的条件。所以这两处被选择为今天中央人民政府及市人民政府的地址绝不是偶然的。

东城经过庚子之劫，变动甚大，现时东交民巷一区，为许多有固定用途的建筑物，如各国使馆等所占用，并产生了王府井大街的商业供应区。而西交民巷则已形成相当繁荣的商务职业区。所余公安街，西皮市（房屋或较简陋，易于拆建），地区既狭隘，又是辅助天安门负担东西城间交通的干道，也不足容下现代全部行政机构的主体。

我们已不是简单的三省六部时代，我们的政府是一个组织繁复，各种工作必须有分合联系的现代机构，现在有中央人民政府，有政治协商会议，有30个部的政务院及许多委员会，将来可能还要增加10余部门和人民代表大会，此外还有军事机构，新闻广播，各种会议，文娱与供应设备所需的地址。我们所要求的面积是可以人数及其平均需要面积计算的（约由6平方公里至十四五平方公里）。

像这样庞大的建设没有中心布局，显然是不适当的。若合理布置成为有中心的组织，则城内绝无有这样大面积的合适地区。即使不用中心布局，仅建造分散的房屋，结果仍必须拆改民居，委曲求全地挤在城内，侵入旧文物区域中间。

北京在平面上及立体上的秩序尚完善地大体保存，未受半殖民地时代作风的割裂破坏，是幸而得免的。因为北京过去幸而不是工商业发展的城市，所以密集的，西化恶化的杂式洋楼的体形尚未大量地侵入城内庄严美丽的布局中间。今后我们则应有自觉的责任，有原则性地来保护它，永远为人民保护这有历史艺术价值的文物环境。今日新材料结构所产生的民族形式

拙匠随笔

的新建筑，确是不适宜于掺杂到这个区域中的。

所以总结说来，在旧城区内建造新行政区，不但困难甚大，而且缺点太多，如：

（1）它必定增加人口，而我们目前密度已过高，必须疏散，这矛盾的现象如何解决？

（2）如果占用若干已有房屋的地址，以平均面积内房屋计算（根据房屋清管局的统计），约需拆除房屋13万余间，即是必须迁出182000余人口，即使实在数目只有这数的一半，亦极庞大可观，这个在实施上如何处置？

（3）如果大量建造新时代高楼在文物中心区域，它必会改变整个北京街型，破坏其外貌，这同我们保护文物的原则抵触。

（4）加增建筑物在主要干道上，立刻加增交通的流量及复杂性。过境车与入境车的混乱剧烈加增，必生车祸问题。这是近来都市设计所极力避免的错误。

（5）政府机关各单位间的长线距离，办公区同住宿区的城郊间大距离，必然产生交通上最严重的问题，交通运输的负担与工作人员时间精力的消耗，数字惊人，处理方法不堪设想。

这不过是大略举其可能的缺点，这些缺点就是北京计划方针所不能不考虑的。

（三）逃避解决区域面积的分配，片面地设法建造办公楼，不是解决问题，还加增全市性的严重问题

如果我们不顾都市计划是有原则性地分配区域和人口，并解决交通上的联系，将建设政府行政区解释为片面地建筑许多办公房屋的单纯问题，即是不考虑以1000人占用4公顷的原则分配区域，却在其他工作区域内设法寻求和侵占若干分散的、不足标准面积的地址来应付。如果假定这样的决定，便可假定以下两种建筑的办法。

（甲）沿街建筑高楼的办法

假定以东单广场的空址为出发点，由崇文门起，沿着东西长安街，公安街，绕西皮市到府右街，沿街建筑高至5层的高楼，以容纳大数量政府人员办公，第一个实际估计应看在数量上它们能否解决问题，所得的结论是建筑物的总数所能解决的机关房屋只是政府机关房屋总数的1/5，其他部分仍须另寻地址。以无数政府行政大厦列成蛇形蜿蜒长线，或夹道而立，或环绕极大广场之外周，使各单位沿着同一干道长线排列，车辆不断地在这一带流动，不但流量很不合理地增加，停车的不便也会很严重。这就是基本产生欧洲街型的交通问题。这样模仿了欧洲建筑习惯的市容，背弃我们不改北京外貌的原

则，在体形外貌上，交通系统上，完全将北京的中国民族形式的和谐加以破坏，是没有必要的。并且各办公楼本身面向着嘈杂的交通干道，同车声尘土为伍，不得安静，是非常妨害工作和健康的。

20年来，就是欧洲各国改善的城市中，也都逐渐各按环境，规定大建筑物的高度限制。他们也提倡各建筑单位前后开展，以一定的比率，保留一定的空场的制度；有适宜的布置，不迫临街沿，以加增阳光，避免嘈杂，可制节车流，减少停车问题。这实类似我国旧有的，较有深度的庭院规模。我们不能在建设之始，反而逆退落后，同时违反本国民族传统优良的特征。

（乙）用中国部署的建筑单位办法

如果我们另外假定在建筑各单位上可以略加折中，建筑物不高过两层或3层。部署亦按中国原有的院落原则，如现时的北海图书馆，燕京大学前楼。在建筑和街道形制上，虽略能同旧文物调和，办公楼屋亦得到安静，但这样的组织如保持合理的空地和交通比率，在内城地区分布起来，所用面积更大。按1000人4公顷计算为6平方公里，地址之大，侵占居民所需迁移人民，就是在现时居民少而公用房屋较多的地域，亦约在10万人以上。因此按理又须先另划地区，先建造大量人民住宅，然后迁徙他们，然后才能拆除旧屋，利用它们的地址。这种种工程步骤都成了建造政府机关的实际阻碍。即使暂时只先建造1/5的政府机关，其余4/5的问题仍然存在，日后仍需解决，解决时仍有迁移大数量居民的问题。

我们再检讨这样迁徙拆除，劳民伤财，延误时间的办法，所换得的结果又如何呢？行政中心仍然分散错杂，不切合时代要求，没有合理的联系及集中，产生交通上的难题，且没有发展的余地。

这片面性的两种办法都没有解决问题，反而产生问题。最严重的是同住宅区的地址距离，没有考虑所产生的交通问题。因为行政区设在城中，政府干部住宅所需面积甚大，势必不能在城内解决，所以必在郊外。因此住宿区同办公地点的距离便大到不合实际。更可怕的是每早每晚可以多到七八万至15万人在政府办公地点与郊外住宿区间的往返奔驰，产生大量用交通工具运输他们的问题。且城内已繁荣的商业地区，如东单、王府井大街等又将更加繁荣，造成不平衡的发展，街上经常的人口车辆都过度拥挤，且发生大量停车困难。到了北京主要干道不足用时，唯一补救办法就要想到地道车一类的工程——重复近来欧美大城已发现的痛苦，而需要不断耗费地用近代技术去纠正的。这不是经济，而是耗费的计划。

若因东单广场为今日唯一空地，不需移民购地，因而估计以这地址开始建造为经济。这个看法过分忽略都市计划全面的立场和科学原则。日后如因此而继续在城内沿街造楼，强使北京成欧洲式的街型，造成人口密度太高，交通发生问题的一系列难以纠正的错误，则这首次决定将成为扰乱北京市体形秩序的祸根。为一处空址眼前方便而失去这时代适当展拓计划的基础，实太可惜。以上这些可能的错误都是很明显的。我们参加计划的人不能不及早见到，早做缜密的考虑。我们的结论是，如果将建设新行政中心计划误认为仅在旧城内建筑办公楼，这不是解决问题而是加增问题。这种片面的行动，不是发展科学的都市计划，而是阻碍。

我们希望能遵循苏联最近重修历史名城的原则对文物及社会新发展两方面的顾全。一面注重文物及历史传统，一面估计社会的发展方向。旧城区内如果不适合这两个方面所包括的一切条件，如我们所列举的11条，我们必须决心展拓新址，在大北京界区内，建立切合实际的，有发展性的与有秩序的计划。

（四）在西郊近城空址建立行政中心区域是全面解决问题，是切合实际的计划

假使以西郊月坛与公主坟之间的地区为政府行政中心，就是将它安排在旧城区同现时的"西郊新市区"之间的一个适中区域上，利用旧城及新市区的两个基础。郊外新地址同旧城区密切连接最为合适。这样便可以极自然地满足上边所举过的11个条件，这地区现时尚是郊野空地，土地改革之后，在这里进行建筑极为自然，合于最便利及最经济的条件。能同时顾全为人民节省许多人力物力和时间，为建立进步的都市，为保持有历史价值的北京文物秩序的3方面，这个安排是很理想又极实际的。发展之后所解决的问题都是全面性的，能长期便利北京市人民的工作和生活的。具体的分析如下：

（1）因为根据大北京市区全面计划原则着手，所以是增加建设、疏散人口的措施。

大北京的市界已大大推广，超出城垣的约束，整个形势是为了纠正旧城区人口过密的情形和发展现代建设两方面而展开的，总面积21倍于旧城区。所以今日设计必须依据大北京地理范畴，使各区域平衡分布，互相联系，平均地由旧城向外发展，以达到发展建设，疏散人口的目的。新建设不应限于有历史性的城垣以内，那样会阻碍发展，密集人口，是无法否认的。西郊地区的选择即为此。

（2）因为注重政府中心行政区的性质是一个基本工作的区域。

区域分工作、住宿、文娱游息三大种类，它们之间必须有极短距离的联系，谓之交通。工作又分基本工作同服务工作两大类，它们中间也必须有合理的联络。

在积极的设计之始，不但工业——基本工作之一种——必须在城外适当地展开，毗连着若干工人的住宅区；不但学校——基本工作之又一种——须位置在适当安静的郊区；在首都里政府庞大组织的行政也是基本工作主要的一种。它的区域，自然也必须有它自己的适宜合用的地点，在一个开朗的地区里，建立必须有的重点和中心。并且它必须同足用的住区密切相连，经济地解决交通问题，减轻机械化的交通负担。此外，这3种基本工作都应同商业供应区域，市行政机关（其他服务工作之种种）及文娱游息地带同有合理的接近。

简单地说，今日所谓计划，就是客观而科学的，缜密的而不是急躁的。在北京地面上安排这许多区域，使它本身地位合理，同别的关系也合理，且在进行建设时不背弃旧的基础。西郊是经过这样的考虑而被认为能满足客观条件的。

（3）承认建设行政办公地点主要是需要面积的问题。

我们建设北京的首项实际要求是可工作、可住宿的地区面积。北京显然的情势是需要各面新地区的展拓。尤其是最先需要的两方面，都是新的方面：一个是足够的工业发展及足够的工人住宿的地方，一个是政府行政足够办公和公务人员足够住宿的地方。东郊及西郊新建设面积，都必须增加，是无法否认的。既然如此，则我们实不必，也不应该在已密集的，各有用途的古代所计划的旧市区中，勉强加入行政新建筑。我们不应在旧城垣以内去寻求，去宰割侵占本不够用，亦不合用的地区，不顾这崭新时代不断发展的要求，更不该在原有的道路系统中再加增交通上过重的流量，产生新问题。

按现代科学的都市计划原则，建筑物同其前后空地布置是有严格比率的。多一座建筑物就必须多若干空的地区，及若干交通线路。大量建筑就无法逃避它是大量需要地区面积的事实。西郊空址不但面积足用，且能保留将来发展余地。

（4）是解决人口密度最基本而自然的办法。

现在北京市区人口密度过高和房荒，显然都到了极度，成了严重问题。但人口密度过高同单纯的房荒的问题根本不同。后者是房屋不够的现象，解决它只有增加建造。前者是人口所分布的区域土地已不足用的现象，解决它在增加可建造的土地面积，添设工作与居住的地区。

详细地说：房荒是人口多过于已有的房屋正常所能容下的数目。但如果房屋所散布的区域面积，以每人应占的面积计算，尚大过于现代一般规定的健康标准（每人约120平方公尺），这房荒问题就可以采取在原来区域内增加房屋来解决。

人口密度过高则是一个已有一定面积的市区的界内，已有过多的房屋及其他建设，不过住在内中的人口更超过这些房屋所能容的数目。解决这问题，不但不应在这区界以内任何空地上增建房屋，而且还要"清除"若干过于密集的建筑，再产生空地，永远留为空地。至于解决超出房屋所能容的人口的房屋，则在于增开完全新的工作区及住宿区，展拓在原来区界之外，然后在那里建造房屋。

北京今日面对的问题是双面的，所以解决它们也要双面的。旧城内人口密度太高，而又有房荒的问题。解决它们当然不能在原区界以内增加房屋，而必是先增加新区域，然后在新区内增加房屋，然后在旧区内清除改建，全面来调整，全面来解决。

人口密度过高的原因有两面，一是社会经济制度不健全所产生的密集，一是单纯的人口增加，原来区界渐不够用。从前面一点看，北京因不是工商业畸形发展的地方，近年来也不是政治中心，它的密集人口不是由于工作而来，而是因其他不幸原因，消费者同失业者在此聚集。如何疏散这不合理、不正常的消费者，减轻密度，就是解决问题。疏散他们，最主要是经由经济政策领导所开辟的各种新的工作，使许多人口可随同新工作迁到新工作所发展的地区。这也就说明新发展的工作地点必须在已密集的区界以外，才能解决人口密度问题。从后面单纯人口增加一点看，北京人口的确较15年前增至一倍，原来的区界，在旧时城墙限制以内的面积，确已不够分配。结论必然也是应该展开新区界，为市内工作人口增设若干可工作的，可住宿的，且有文娱供应设备的区域，建立新的、方便的交通线，来适应他们的需要。

现在北京行政同工业两大方面是新展开的工作，当然首先需要新的工作地区，和接连着的住区。我们应注意，脱离工作地点的住区单独建立在郊外是不合实际的。它立刻为交通产生严重问题。工作者的时间精力，及人民为交通工具所费的财力物力都必须考虑到。发展工作区和其附属住区才是最自然的疏散，解决人口密集，也解决交通。发展西郊新中心，利用原来"新市区"基础为住区，就是本此原则解决问题的，故最有考虑的价值。

反此办法，在已密集的旧市区内增添新工作所需要的建筑，不但压迫已拥挤的城内交通，且工作者为要接近工作，大都会在附近住区拥挤着而直接加增人口密度。这不但立刻产生问题，且为10年、15年后工业更发展，人口增多时更加增问题。

拙匠随笔

在一个现代化城市中，纠正建筑上的错误与区域分配上的错误，都是耗费而极端困难的事。计划时必须预先见到一切的利弊，估计得愈科学，愈客观，愈能解决问题，愈不至为将来增加不可解决的难题，犯了时代主观的错误。

附带地讲所谓疏散人口，在程序上必须在新建设区域有了相当房屋以后，居民才有地方可以开始迁出。目前如先求大量旧区地址拆改应用，则必须先迁居民，而这些居民又无处可迁，这是加增问题。居民工作的脱节，疲劳，疾病，食宿上困苦以及其连带后果都是政府所关心的；在西郊建设行政区和干部住区不会产生这种问题，也是可注意的。

（并且在此新中心之东面，旧城内的西部若干胡同旧宅，现时为政府机关的，将来亦可很方便地利用为政府人员之适宜住区的另一部。如此则政府中心之东西两商都有适当的住宅区与之相配合。）

（5）是新旧两全的安排。

所谓两全，是保全北京旧城中心的文物环境，同时也是避免新行政区本身不利的部署。

为北京文物的单面着想，它的环境布局极为可贵，不应该稍受伤毁。现存事实上已是博物院，公园，庆典中心，更不该把它改变成为繁杂密集的外国街型的区域。静穆庄严的文物风景，不应被重要的忙碌的工作机关所围绕，被各种川流不息的车辆所侵扰，是很明显的道理。大众人民能见及这点的很普遍。在专门建筑与都市计划工作者和许多历史文艺工作者的眼中，民族形式不单指一个建筑单位而说，北京的正中线布局，从寻常地面上看，到了天安门一带"千步廊"广场的豁然开朗，实是登峰造极的杰作；从景山或高处远望，整个中枢布局的秩序，颜色和形体是一个完整的结构。那么单纯壮丽，饱含我民族在技术及艺术上的特质，只要明白这一点，绝没有一个人舍得或敢去剧烈地改变它原来的面目的。

为行政中心着想，政府机关的中间夹着一个重要的文化游览区，也是不便的。文化游览区是工作的人民在假期聚集的地方。行政区是工作区域，不应该被游览区所必有的交通量所牵连混杂，发生不便，且给游览休息的人民以不便。

且行政区自己没有区域，没有范围，长列在干道的两旁，由东城至西城，没有一个集中点，且绕着故宫或广场，增加了很大的距离。它的区域就是其他区域间的交通孔道，也是不妥当的。只有避开这旧区的正中位置，另求中心，才是两个方面合理的解决。西郊公主坟以东一带，就是具体地解决这个问题，是行政区较合理的新位置。

（6）是以人口工作性质，分析旧区，配合新区，使成合理的关系。

当我们将市的工作人口分成基本与服务及附属三大类时，旧区在用途上的性质已非常确定。最主要的为博物馆及纪念性的文物区，旧苑坛庙所改的公园休息区，和特殊文娱庆典中心的大广场。其余一部为市政服务机关，一部为商业服务的机构场所，包括现时全国性的企业和金融业务机关。在基本工作方面，有一小部分为有历史的学校及文化机关，一小部分为手工业集聚的区域。此外就是供应这些部门所需的住宅区和必须同住宅区在一起的小学校，及日常供应商业。

现在把东郊及东南郊基本工作定为工业，人口为工人，所连着的北面建筑他们的住宅。把西郊基本工作定为行政，人口为政府人员，所连着的西面——已略有基础的"新市区"——建造他们的住宅。北郊基本工作为教育，人口为学生和服务的教育工作者，也连着他们的住区。这样的分配是极平均的。它们围绕着有历史价值的旧城，使它成为各区共有的文娱公园中心和商业服务及市政服务的地点和若干住宅，也是便利而合实际的。

（7）在大北京市中能有新中线的建立。

旧城同新中心之间横贯着的东西干道，都毫无问题地可以穿出城垣（如复兴门、广安门、阜成门、西直门等）。最合适的是直贯这西郊政府中心的南北新中线（这条中线东距城垣约2公里，据新华门约4.2公里，距天安门约5.2公里）。这条中线在大北京的布局中确能建立一条庄严而适用的轴心。这个行政区东连旧城，西接"新市区"，北面为海淀、香山等教育风景区，南面则为丰台区铁路交通总汇（总车站及全国性工商企业业务机关正可设在这个新中线上。东面又可同广安门引直，利用旧城若干商业基础。在文物点缀方面有白云观、天宁寺等）。一切都是地理上现成形势所促成，毫无勉强之处。

（8）能适当满足以上所举的11个条件。

以寻取地址而论，我们确是不用大量迁移居民（第五条），我们可以不伤毁旧文物中心（第十一条），绝对可以满足部署原则（第一条），有足用与发展的余地（第三、第四条）。能使全市平衡发展，疏散人口（第八条）。根据时代精神及民族的传统特征的建筑形体（第二条）在西郊区很方便地可以自成系统，不受牵制。如果将来增建四五层的建筑物亦无妨碍。

其他一切都是迎刃而解，没有不自然不经济的成分，尤其是解决数十万人的住宅区，免除交通负担，利用现成新市区基础，最为实际。政府人员由新市区到公主坟与月坛间地区之距程，比到天安门或东单，分别之大，在交通经济上是极重要的一点。

新中心能同时满足11个条件，而同时又都是旧城内任何地点所不能满足的，显然证明发展新行政中心之自然与合理。

目前另有一个问题可以在此附带地讨论一下，就是一道城墙在心理上所造成的障碍。假使城墙在公主坟或八宝山一带，而这块土地是一块空址在城垣以内，我们相信在这地区建造政府区，将为许多人所立刻建议，不成问题。今日这一道城墙已是个历史文物艺术的点缀，我们生活发展的需要不应被它所约束。其实城墙上面是极好的人民公园，是可以散步、乘凉、读书、阅报、眺望远景的地方（这并且是中国传统的习惯）。底下可以按交通的需要开辟新门。城墙在心理上的障碍是应予击破的。

第三节　发展西郊行政区可以逐步实施程序，
　　以配合目前财政状况，比较拆改旧区为经济合理

首先我们试把在城内建造政府办公楼所需费用和在城西月坛与公主坟之间建造政府行政中心所需费用做一个比较：

（一）在城内建造政府办公楼的费用有以下7项

1. 购买民房地产费。

2. 被迁移居民的迁移费（或为居民方面的负担）。

3. 为被迁移的居民在郊外另建房屋费，或可鼓励合作经营（部分为干部住宅）。

4. 为郊外居民住宅区修筑道路并敷设上下水道及电线费。

5. 拆除购得房屋及清理地址工费和运费。

6. 新办公楼建造费。

7. 植树费。

（二）在城西月坛与公主坟之间建造政府行政中心的费用有以下4项

1. 修筑道路并敷设上下水道及电线费。

2. 新办公楼建造费。

3. 干部住宅建造费。

4. 植树费。

在以上两项费用的比较表中，第（二）项的1、2、3、4四种费用就是第（一）项中的3、4、6、7四种费用。而在月坛与公主坟之间的地区，目前是农田，居民村落稀少，土改之后，即可将土地保留，收购民房的费用也极少。在城内建造政府办公楼显然是较费事，又费时，更费钱的。

行政区是庞大的政府工作的地区，工业区亦是庞大的工厂工作地区，这两个地区既无法在旧城区内觅得适当地点，足够容纳所定人数，亦不宜于在城区内建立主要的重心，集中工作人口。因此按照各种客观条件，分别布置在东西两边的近郊，与旧城区密切地联系着，而利用旧城区内已建设的基础，作为服务的中心，保留故宫文物区为文娱中心，给两方面的便利，留出中南海为中央人民政府。这是使大北京市能得到平衡发展的合理计划。但两区的建设，规模巨大，在实施方面却要按实际发展的需要，有计划地逐步进行，以配合财政情况及技术上的问题的。

行政区的道路系统及各单位划分的计划，可采取中国坊制的街型，部署而成。在整体上讲，它是有机性地将各单位集中在一个区域内，使各方面的联系紧密，可以发挥高度的行政效率。从每一单位每一坊来讲，它们都自成一小整体，建立中线，有它主要的和辅翼的建筑物。因此在建造的过程中，当一单位或一幢建筑物建造完成时，不至于因为整个行政区的未完成而影响了它的效能，或失去了它的完整性。在发展的各阶段中，每次完成无论若干单位，都又自成一整体。

关于计划的实施建造，为了配合政府当前和以后的情形，可以按下列几个步骤，逐渐推进：

1. 由于现在复兴门外往西到新市区的林荫干道已经完成，为了照顾交通上的便利起见，根据目前财政情形，第一步可以按照需要，将沿林荫干道北面的各单位先行建造。每一单位或一坊，可以建造一处容纳2000人的办公房屋（3座或4座大楼，每座容数百人），及其附属供应，乃至于干部宿舍楼一幢。

配合近于西面单位中办公人员的需要，在现在新市区已有的基础上，建立接近行政区的一个完整的"邻里单位"（或称"社区单位"），建造他们所需要的住宅区，及其附属的小学校、托儿所、合作社、文娱中心等建筑，同样的也是配合财政能力及需要缓急的程度，逐渐发展成为将来的大住宅区。

沿干道的这些地点，目前在交通上所需要的道路，水的供应设备，电的供应设备，以及排水的设备，都是现成的。而且由于这干道和旧城区的联系，可直接利用北城同西城的一切住宅及商业供应。

由新行政区进城到新华门的距离，同由新华门到崇文门的距离约略相等，所以除掉一道城墙的心理障碍以外，在交通上的便利同在一个城内是无分别的。

2. 以复兴门外东西向的林荫干道为出发点，依着计划所定的其他街道的伸展，种植树木，有计划地绿化全区，奠定了区内街型和其环境的点缀。同时逐步敷设区内道路的上下水道及其他公用设备。路面及其铺筑的宽度，亦按财政情况俭省地逐渐修筑。

3. 在最短可能的时期内修建新的北京总车站，利用广安门内的干道通达旧区的前门大街商业区及旅舍区，并吸引部分商业及运输业旅舍等在附近地区建立，而逐渐繁荣车站附近地区，疏散旧城前门外的密集人口。

以上仅表示整个计划在建造的程序上是可以灵活运用的，一切具体细则办法当然必须配合实际情况而逐步实施，这在整个大北京市计划中，是切实地全面解决北京将来的发展。

我们经过半年缜密反复的研究，依据种种客观存在的事实分析的结果，认为无论是为全面解决北京建设的问题，或是只为政府办公房屋寻找地址，都应该采取向城外展拓的政策。如果展拓，我们认为：

政府行政中心区域最合理的位置是西郊月坛以西、公主坟以东的地区。

因此我们很慎重地如此建议。

我们相信，为着解决北京市的问题，使它能平衡地发展来适应全面性的需要；为着使政府机关各单位间得到合理的且能增进工作效率的布置；为着工作人员住处与工作地区的便于来往的短距离；为着避免一时期中大量迁移居民；为着适宜地保存旧城以内的文物；为着减低城内人口过高的密度；为着长期保持街道的正常交通量；为着建立便利而又艺术的新首都，现时西郊这个地区都完全能够适合条件。

至于我们这些观察和意见是否完全正确，没有错误，我们希望大家研究和讨论，早日做出一个决定。

我们现在正在依据这个展拓的假定，草拟大北京市的总计划。初稿完成之后，当再提出请大家研究和讨论。

1950年2月

　　　　　　　　　　　　　拙匠随笔

附件：关于第二节所列11个条件的说明

说明一　部署原则

在一个城市之中，所有性质不同的工作都必须各有其区域，其积极的作用在求使各种性质相同或相近的单位集中，以求各单位间取得密切的联系，以提高工作效率；消极地以免性质不同的建筑物无秩序地混杂，互相妨碍，互相限制发展。政府中心庞大的建筑群，无论以工作性质或数量而论，都是绝对应该自成一区的。在城内若自成一区则没有那样大的地方；若分散在住宅区商业区之间，它首先就侵夺了住宅、商业的空间，其本身和住宅、商业又互相混杂妨碍。同时必又增加了各区的车辆流通量，致交通难以节制，形成纽约伦敦那样，或上海天津也开始显著的车辆拥挤病态。而且各单位之间绝不能取得高效率的联系。政府中心的建筑群不唯在工作上需要联系，自成一区，还有在体形上，它是有重大精神作用的。所以它同时还必须有充分的民族形式之表现。

由都市计划的传统上看，中国的城市，除特殊受地理条件之约束者外，没有不有中轴线的，建筑物都是有广庭空间衬托的。欧洲都市计划者近年来发现了长线蛇形阵临街建楼的错误，多数都市房屋多作凵字形平面，与街沿有适当的距离，规定了建造面积和房屋高度与庭院面积的比例，以求取得空气阳光，花草树木。这正是我们数千年来都市计划传统的基本原则，是我们艺术秩序的组织，应该发扬光大的。我们以此原则布置政府中心的建筑群，发扬我们的都市计划和艺术传统，是要增强民族的自信心，要使我们首都的新建筑发出中国艺术的新光芒。

说明二　建筑形体

每个民族，每个地区的建筑形体是有它的传统特征的。它的结构是在材料和技术条件之下产生的。它的部署是受自然环境和社会环境所支配的。它的体形容貌是技术和艺术的传统所决定的。所以同用砖石土木，每一个时代，每一个地域，每一个民族各有其不同的表现。

中国建筑的特征，在结构方面是先立构架，然后砌墙安装门窗的；屋顶曲坡也是梁架结构所产生。这种结构方法给予设计人以极大的自由，所以由松花江到海南岛，由新疆到东海岸辽阔的地区，极端不同的气候条件之下，都可以按实际需要配置墙壁门窗，适应环境，无往而不适用。这是中国结构法的最大优点。近代有了钢骨水泥和钢架结构，欧美才开始用构架方法。现在我们只需将木材改用新的材料与技术，应用于我们的传统结构方法，便可取得技术上更大的自由，再加上我们艺术传统的处理建筑物各部分的方法，适应现代工作和生活之需要，适应我们民族传统美感的要求，我们就可以创造我们的新的、时代的、民族的形式，而不是盲目地做"宫殿式"或"外国式"的形式主义的建筑。我们不唯可以如此做，而且绝对应当如此做，而且自信可以创造出这个新形体。自1928年起，中国营造学社就开始调查、研究全国各地区、各时代的建筑历史、类型、结构、雕饰等等方面，搜集资料有照片13000余张，实测图300余种，曾在该社汇刊陆续发表，对于创造建筑的民族风格是能有很大的帮助的。就如同我们的生活不应脱离群众，我们的新建造也不能脱离中国生活习惯。

说明三　足用的面积及发展余地

中央人民政府及政务院、革命军事委员会等机关的基本工作人员，现在尚无准确统计；目前暂估为6万人，将来工作展开，人员足额的时候，当不止此数之加倍，可能至十四五万人，及为他们服务的人，约10余万人，则最大总额可至30万人的工作面积。连同他们的眷属就是最高可到60万人口的住区面积。

单计算干部工作区的面积，每人平均以45平方公尺计算（连同房屋、街道、广场、庭院、大会场等在内），若以15万人计算，共约需6.75平方公里，已不是很宽裕的计算。若每人按40平方公尺计算，也需6平方公里。这面积只是按现有的行政单位估计，将来单位必定要增加的，必须有扩充的余地。每单位若以需地8至10公顷计算，至少应再有2至3平方公里的扩充地。所以全部共需准备约10平方公里的面积。

说明四　省时省事，避免劳民伤财

北京城内现有人口约140万（1949年9月为130万人），面积约62平方公里弱，平均密度每平方公里约22500人。但天坛、先农坛、外城东南西南两部、故宫、太庙、中山公园、景山、三海等地共约10平方公里余的面积内是人口极少的，实际上集中在52平方公里中，其实际平均密度为每平方公里约27000人。在这面积之内，房屋共计89800余处，合1002000余间；平均计算每平方公里有房1711处，或19270间。政府中心地址用地6.75平方公里，若要取得此面积，则需迁移182000余人，拆房12500余所或13万余间（这样计算可能大过于实际要拆改的房屋及内中人口数目）。但无论如何，必是大量人口的迁移。迁移之先，必须设法预先替他们建造房屋，这批房屋事实上只能建在城外，或外城两隅空地上。迁移之后，旧房必须拆除；拆除之后，百万吨上下的废料，必须清理，或加以利用，或运出；地基亦须加以整理，然后可以兴建新房屋。这一切——兴建新住宅，迁移，拆房，处理废料，清理地基，都是一步限制着一步，难以避免，极其费时费事，需要财力的。而且在迁移的期间，许多人的职业与工作不免脱节，尤其是小商店，大多有地方性的"老主顾"，迁移之后，必须相当时间，始能适应新环境。这种办法实在是真正的"劳民伤财"。即使说估计有错误，或是城内有若干可以利用的地方，以致有50%的错误，这数目也还是极大的。在空旷的新地址上建造起来，省去建造新房屋、迁移、拆除等等的时间（建新拆旧每所共计至少4个月）与财力，不惊动居民正常生活的安宁，两相比较，利弊很显著。

如考虑顾到城内已有现成的街道、上下水道、电灯、电话等等设备可以利用的问题，事实上我们若迁移20余万人或数十余万人到城外，则政府绝对的有为他们修筑道路和敷设这一切公用设备的责任，同样的也就是发展郊区。既然如此，也就是必不可免的费用，不如直接地为行政区办公房屋及干部住宅区有计划、有步骤地敷设修筑这一切。现在城内的供电线路已甚陈旧，且敷设不太科学；自来水管直径已不足供应某些地区（如南城一带）的需要；下水道缺点尤多。若在城外从头做起，以最科学的、有计划的、最经济的技术和步骤实施起来，对于北京的水电下水道都是合理的发展。最近电力公司的一位工程师曾告诉我们，政府中心若在城外西郊，可使供电问题大大的简易化、科学化，比在旧城内增加容易。凡此一切都是我们所应考虑的。

说明五　　政府干部住宅区与工作区之合理联系

假使政府中心在城内，占去了原有的13万至19万余间房屋的地址，则政府干部及其眷属及服务的数十万人，也必须有一大部分或绝大部分被迁至城外发展的新区内。以目前情况论，适宜于做第一步发展为住宅区的区域唯有西郊。若干部住宅区在西郊，估计在短期内仅有3万人须每日进城办公，出城住宿，以每辆汽车载50人计算，则每日往返共需1200"次辆"，每"次辆"平均行程以由公主坟至天安门计算约为7.5公里，每日共行车9000公里，耗费汽油约700余加仑。但是早晚上班的人都挤在同一时间之内，其势不能600辆汽车同时开动。假定3万人须在一小时之间运完，假定每车在一小时之内可以来回两次，则需300辆车，每早晚各来回两次，则实际行车2400"次辆"，行程18000公里，耗油一千四五百加仑。每人所费时间虽不多，在物力上却是一笔极大的、不必需的浪费。假使一部分人骑自行车，则7.5公里需时约40至45分钟，在严冬酷暑，都是极其辛劳的事。每日清晨经此疲劳运动，即刻办公，工作效率必受影响；办公之后，又经此疲劳运动，始得休息；在时间精力上都是不必需的浪费。

假使政府中心在月坛和公主坟之间，其西毗邻住宅区，旧城西部也可为住宅区，则近者可由住宅步行至工作地点，远者也不过三四公里，其合理与经济是极其明显的。

说明六　全市平衡发展

一个城市的发展，必须使其平衡。19世纪资本主义的城市因为无计划、无秩序、无限度的发展，产生了人口及工商业过度集中，城乡对立尖锐化的现象，造成了人口过挤的"城中心区"，极拥挤的住宅楼房，所谓"贫民窟"，以及车辆拥挤，等等病态，是我们前车之鉴。在原则上，城内人口密度必须逐渐减低，以达到每平方公里8200人的标准。但政府中心若在城内，则城内一方面少了10余万间的房屋，一方面增加了若干万的人口，人口密度可能增加到每平方公里3万人乃至35000人以上，实有害卫生，尤其是便粪垃圾没有高度技术上解决之前，实不堪设想。因政府中心在城内，人口增加，则供应商业亦必更加发展，城内许多已经繁荣的地区必更繁荣起来，或是宁静的住宅区变成嘈杂的闹市。世界上许多工业城市所犯的错误，都是因人口增加而又过分集中所产生的。伦敦近年拟订计划以50年长期间及无可数计的人力物力去纠正它的错误。我们计划建都才开始，岂可重蹈人家的覆辙？苏联最近许多重建的城市都注重先有计划，使各区域分配合理，平衡发展，我们应向苏联学习，设法取得他们的新资料。

说明七　控制车辆流量

因为不平衡的发展，必将造成不平衡的车流，集中在若干条街道上。因为无秩序不平衡的发展，必有大量居民每日长途跋涉到工作地，增加车辆交通，造成车辆拥挤的现象。伦敦

700万人口，有100万运输工人，造成平均每7人中有一人以运输为业，将其他6人的身体、生产品和消费品运来运去的不合理的、滑稽现象。洛杉矶百老汇路上，今日汽车的速度比1910年马车的速度还慢。纽约第五街并不太热闹的一段，汽车速度与步行相等。这种交通疾病，都是都市不平衡发展的结果。

现在北京最主要的东西干道是长安街，并与通正阳门的公安街、西皮市等衔接。依据1949年9月11日一次的调查统计，各种汽车量最大的是东三座门西口，平均每小时49辆。自行车三轮车最大量是正阳门大街，每小时1649辆。当时北京汽车总数仅约4000余辆，又是汽油罕贵的时期，而且中华人民共和国和中央人民政府尚未成立。假定政府各单位全部沿东西长安街、公安街、西皮市建筑起来，10年之后，汽车数增至3万辆；东西三座门的汽车流通量可能增至每小时六七百辆，或每五六秒一辆；三轮虽可能完全绝迹，但自行车必倍蓰；长安街上与天安门广场两旁汽车之拥挤将比纽约的商业区更甚，再加上无数自行车穿杂其间，其紊乱将不堪设想。假使在广场开大会时，可能使附近相当大的半径以内地区的交通完全停顿。

我们绝不应使这现象在北京发生。政府中心若在城内，尤其是若在长安街及天安门广场两旁，我们将无法阻止这种现象之发生。政府中心若在西郊，则城市不唯很自然、很合理地平衡发展，自然不会发生这现象，而且可以预先用科学的道路系统，有计划地控制车辆流量与方向。这样就可以减少不需要的奔驰，节省人力、物力、时间，而且可以避免许多可能发生的车祸，保障人民的安全，避免物资的损失。

说明八　文物建筑本身之保护及其环境

按照苏联窝罗宁教授书中所说："为顾到生活历史传统和建筑的传统，……保留合理的，有历史价值的一切，和在房屋类型和都市计划上的一切"，我们对于北京原有的城市格式和文物建筑也负有不容躲避的保护责任。

他又叙述了许多苏联历史名城的重建。被称为"俄罗斯的博物院"的诺夫哥洛城，"历史性的文物建筑比任何一个城都多"。这个城之重建"是交给熟谙并且爱好俄罗斯古建筑的建筑院院士舒舍夫负责的。他的计划将依照古代都市计划的制度重建——当然加上现代的改善。……在最优秀的历史文物建筑四周，将留出空地，做成花园为衬托，以便观赏那些文物建筑"。

北京城无疑的是中国（乃至全世界）"历史文物建筑比任何一个城都多"的城。它的整体的城市格式和散布在全城大量的文物建筑群就是北京的历史艺术价值的本身。它们合起来形成了北京的"房屋类型和都市计划特征"。我们应该学习舒舍夫重建诺夫哥洛的原则来计划我们的北京。

北京城的整个城市格式和建筑物都是以明清故宫为核心而部署的。当时故宫紫禁城的外面是皇城。皇城之内和皇城之南的东西交民巷地带是衙署和内庭供应的地区；皇城以外的东、西、北三面是各级王公官吏的住宅区，供应他们的商业也掺杂在内。正阳门外是主要商业区。这一切区域虽没有明白的划分，但是事实上划分是显然的。其所以自然如此，就因为当时是以此为目的而计划的。因此，这整个城市的分区就无法改变以适合今日在城内建造政府中心的条件。

在街道系统方面，以几环的干道汇集了由小巷里出来的车辆，使车辆自动地避免穿行不便于高速度车辆行驶的小胡同，保障了胡同里的宁静与安全，很适合现代交通的系统。

这整个的分区与街道系统就是北京的城市格式，北京的都市计划特征。

至于北京城内的文物建筑，有元明清历代的遗物。除去故宫中轴线上由永定门直到鼓楼钟楼的一系列以外，还有许多分布于全城。它们是构成北京城市格式整体的一部分，不可分离的一部分。在"房屋类型"上，它们大多数是用当时的材料与技术，适应当时的需要条件而形成的单层或两层的木构建筑：琉璃瓦，红墙，由若干座房屋合为若干庭院。它们有特具的风格，就是北京之所以成为世界罕贵的历史名城的风格，它们就是北京生活的历史传统和建筑的传统。它们是北京"人民所珍贵"的。它们是北京"人民的美感条件的和习惯的、文化的需要"。

建筑物在一个城市之中是不能"独善其身"的，它必须与环境配合调和。我们的新建筑，因为根本上生活需要和材料技术与古代不同，其形体必然与古文物建筑极不相同。它们在城中沿街或围绕着天安门广场建造起来，北京就立刻失去了原有的风格，而成为欧洲现在正在避免和力求纠正的街型。无论它们单独本身如何壮美，必因与环境中的文物建筑不调和而成为掺杂凌乱的局面，损害了文物建筑原有的整肃。

我们这一代对于祖先和子孙都负有保护文物建筑之本身及其环境的责任，不容躲避。舒舍夫重建诺夫哥洛，"在最优美的历史文物建筑的四周，将留出空地，做成花园为衬托，以便观赏那些文物建筑"。我们在北京城里绝不应以数以百计的、体形不同的、需要占地6至10平方公里的新建筑形体来损害这优美的北京城。我们也必须选出历代最优美的许多建筑单位，把它们的周围留出空地，植树铺草，使成为市内的人民公园。

关于北京城墙存废问题的讨论[*]

北京成为新中国的新首都了。新首都的都市计划即将开始，古老的城墙应该如何处理，很自然地成了许多人所关心的问题。处理的途径不外拆除和保存两种。城墙的存废在现代的北京都市计划里，在市容上，在交通上，在城市的发展上，会产生什么影响，确是一个重要的问题，应该慎重的研讨，得到正确的了解，然后才能在原则上得到正确的结论。

有些人主张拆除城墙，理由是：城墙是古代防御的工事，现在已失去了功用，它已尽了它的历史任务了；城墙是封建帝王的遗迹；城墙阻碍交通，限制或阻碍城市的发展；拆了城墙可以取得许多砖，可以取得地皮，利用为公路。简单地说，意思是：留之无用，且有弊害，拆之不但不可惜，且有薄

＊本文原载《新建设》第2卷第6期，1950年5月7日出版。

利可图。

但是，从不主张拆除城墙的人的论点上说，这种看法是有偏见的，片面的，狭隘的，也缺乏实际的计算的：由全面城市计划的观点看来，都是知其一不知其二的，见树不见林的。

他说：城墙并不阻碍城市的发展，而且把它保留着，与发展北京为现代城市不但没有抵触，而且有利。如果发展它的现代作用，它的存在会丰富北京城人民大众的生活，将久远地为我们可贵的环境。

先说它的有利的现代作用。自从18、19世纪以来，欧美的大都市因为工商业无计划、无秩序、无限制的发展，城市本身也跟着演成了野草蔓延式的滋长状态。工业、商业、住宅起先便都混杂在市中心，到市中心逐渐地密集起来时，住宅区便向四郊展开。因此，工商业随着又向外移。到了四郊又渐形密集时，居民则又向外展移，工商业又追踪而去。结果，市区被密集的建筑物重重包围。在伦敦、纽约等市中心区居住的人，要坐3刻钟乃至一小时以上的地铁车才能到达郊野。市内之枯燥嘈杂，既不适于居住，也渐不适于工作，游息的空地都被密集的建筑物和街市所侵占，人民无处游息，各种行动都忍受交通的拥挤和困难。所以现代的都市计划，为市民身心两方面的健康，为解除无限制蔓延的密集，便设法采取了将城市划分为若干较小的区域的办法。小区域之间要用一个园林地带来隔离。这种分区法的目的在使居民能在本区内有工作的方便，每日经常和必要的行动距离合理化，交通方便及安全化；同时使居民很容易接触附近郊野田园之乐，在大自然里休息；而对于行政管理方面，也易于掌握。北京在20年后，人口可能增加到400万人以上，分区方法是必须采用的。靠近城墙内外的区域，这城墙正可负起它新的任务。利用它为这种现代的区间的隔离物是很方便的。

这里主张拆除的人会说：隔离固然是隔离了，但是你们所要的园林地带在哪里？而且隔离了，交通也就被阻梗了。

主张保存的人说：城墙外面有一道护城河，河与墙之间有一带相当宽的地，现在城东、南、北三面，这地带上都筑了环城铁路。环城铁路因为太近城墙，阻碍城门口的交通，应该拆除向较远的地方展移。拆除后的地带，同护城河一起，可以做成极好的"绿带"公园。护城河在明正统年间，曾经"两涯甃以砖石"，将来也可以如此做。将来引导永定河水一部分流入护城河的计划成功之后，河内可以放舟钓鱼，冬天又是一个很好的溜冰场。不唯如此，城墙上面，平均宽度约10米以上，可以砌花池，栽植丁香、蔷薇一类的灌木，或铺些草地，种植草花，再安放些园椅。夏季黄昏，可供数十万人的纳凉游息。秋高气爽的时节，登高远眺，俯视全城，西北苍苍的西山，东南无际的平原，居住于城市的人民可以这样接近大自然，胸襟壮阔。还有城楼角楼等可以辟为陈列馆，阅览室，茶点铺。这样一带环城的文娱圈，环城立体公园，是全世界独一无二的。北京城内本来很缺乏公园空地，解放后皇宫禁地都是人民大众工作与休息的地方；清明前后几个周末，郊外颐和园一天的门票曾达到八九万张的纪录，正表示北京的市民如何迫切地需要假日休息的公园。古老的城墙正在等候着负起新的任务，它很方便地在城的四面，等候着为人民服务，休息他们的疲劳筋骨，培养他们的优美情绪，以民族文物及自然景色来丰富他们的生活。

不唯如此，假使国防上有必需时，城墙上面即可利用为良好的高射炮阵地。古代防御的工事在现代还能够再尽一次历史任务！

这里主张拆除者说，它是否阻碍交通呢？

主张保存者回答说：这问题只在选择适当地点，多开几个城门，便可解决的。而且现代在道路系统的设计上，我们要控制车流，不使它像洪水一般的到处"泛滥"，而要引导它汇集在几条干道上，以联系各区间的来往。我们正可利用适当位置的城门来完成这控制车流的任务。

但是主张拆除的人强调着说：这城墙是封建社会统治者保卫他们的努力的遗迹呀，我们这时代既已用不着，理应拆除它的了。

回答是：这是偏差幼稚的看法。故宫不是帝王的宫殿吗？它今天是人民的博物院。天安门不是皇宫的大门吗？中华人民共和国的诞生就是在天安门上由毛主席昭告全世界的。我们不要忘记，这一切建筑体形的遗物都是古代多少劳动人民创造出来的杰作，虽然曾经为帝王服务，被统治者所专用，今天已属于人民大众，是我们大家的民族纪念文物了。

同样的，北京的城墙也正是几十万劳动人民辛苦事迹所遗留下来的纪念物。历史的条件产生了它，它在各时代中形成并执行了任务，它是我们人民所承继来的北京发展史在体形上的遗产。它那凸字形特殊形式的平面就是北京变迁发展史的一部分说明，各时代人民辛勤创造的史实，反映着北京的成长和文化上的进展。我们要记着，从前历史上易朝换代是一个统治者代替了另一个统治者，但一切主要的生产技术及文明的、艺术的创造，却总是从人民手中出来的；为生活便利和安心工作的城市工程也不是例外。

简略说来，1234年元人的统治阶级灭了金人的统治阶级之后，焚毁了比今天北京小得多的中都（在今城西南）。到

1269年，元世祖以中都东北郊琼华岛离宫（今北海）为他威权统治的基础核心，是古今最美的皇宫之一，外面四围另筑了一周规模极大的、近乎正方形的大城；现在内城的东西两面就仍然是元代旧的城墙部位，北面在现在的北面城墙之北5里之处（土城至今尚存），南面则在今长安街线上。当时城的东南角就是现在尚存的，郭守敬所创建的观象台地点。那时所要的是强调皇宫的威仪，"面朝背市"的制度，即宫在南端，市在宫的北面的布局。当时运河以什刹海为终点，所以商业中心，即"市"的位置，便在钟鼓楼一带。当时以手工业为主的劳动人民便都围绕着这个皇宫之北的市心而生活。运河是由城南入城的，现在的北河沿和南河沿就是它的故道，所以沿着现时的北京饭店，军管会，翠明庄，北大的三院，民主广场，中法大学河道一直北上，尽是外来的船舶，由南方将物资运到什刹海。什刹海在元朝便相等于今日的前门车站交通终点的。后来运河失修，河运只达城南，城北部人烟稀少了。而城南却更便于工商业。在1370年前后，明太祖重建城墙的时候，就为了这个原因，将城北面"缩"了5里，建造了今天的安定门和德胜门一线的城墙。商业中心既南移，人口亦向城南集中。但明永乐时迁都北京，城内却缺少修建衙署的地方，所以在1419年，将南面城墙拆了扩展到现在所在的线上。

拙匠随笔

南面所展宽的土地，以修衙署为主，开辟了新的行政区。现在的司法部街原名"新刑部街"，是由西单牌楼的"旧刑部街"迁过来的。换一句话说，就是把东西交民巷那两条"郊民"的小街"巷"让出为衙署地区，而使郊民更向南移。

现在内城南部的位置是经过这样展拓而形成的。正阳门外也在那以后更加繁荣起来。到了明朝中叶，统治者势力渐弱，反抗的军事威力渐渐严重起来，因为城南人多，所以计划以元城北面为基础，四周再筑一城。故外城由南面开始，当中开辟永定门，但开工之后，发现财力不足，所以马马虎虎，东西未达到预定长度，就将城墙北折，止于内城的南部。于1553年完成了今天这个凸字形的特殊形状。它的形成及其在位置上的发展，明显的是辩证的，处处都反映各时期中政治、经济上的变化及其在军事上的要求。

这个城墙由于劳动的创造，它的工程表现出伟大的集体创造与成功的力量。这环绕北京的城墙，主要虽为防御而设，但从艺术的观点看来，它是一件气魄雄伟，精神壮丽的杰作。它的朴质无华的结构，单纯壮硕的体形，反映出为解决某种的需要，经由劳动的血汗，劳动的精神与实力，人民集体所成功的技术上的创造。它不只是一堆平凡叠积的砖堆，它是举世无匹的大胆的建筑纪念物，磊拓嵯峨，意味深厚的艺术创造。尤论是它壮硕的品质，或是它轩昂的外像，或是那样年年历尽风雨甘辛，同北京人民共甘苦的象征意味，总都要引起后人复杂的情感的。

苏联斯摩棱斯克的城墙，周围7公里，被称为"俄罗斯的颈环"，大战中受了损害，苏联人民百般爱护地把它修复。北京的城墙无疑的也可当"中国的颈环"乃至"世界的颈环"的尊号而无愧。它是我们的国宝，也是世界人类的文物遗迹。我们既承继了这样可珍贵的一件历史遗产，我们岂可随便把它毁掉！

那么，主张拆除者又问了：在那有利的方面呢？我们计算利用城墙上的那些砖，拆下来协助其他建设的看法，难道就不该加以考虑吗？

这里反对者方面更有强有力的辩驳了。

他说：城砖固然可能完整地拆下很多，以整个北京城来计算，那数目也的确不小。但北京的城墙，除去内外各有厚约一米的砖皮外，内心全是"灰土"，就是石灰黄土的混凝土。这些三四百年乃至五六百年的灰土坚硬如同岩石，据约略估计，约有1100万吨。假使能把它清除，用由20节18吨的车皮组成的列车每日运送一次，要83年才能运完！请问这一列车在83年之中可以运输多少有用的东西？而且这些坚硬的灰土，既不能用以种植，又不能用作建筑材料，用来筑路，却又不够坚实，不适使用，完全是毫无用处的废料。不但如此，因为这混凝土的坚硬性质，拆除时没有工具可以挖动它，还必须使用炸药，因此北京的市民还要听若干年每天不断的爆炸声！还不止如此，即使能把灰土炸开，挖松，运走，这1100万吨的废料的体积约等于十一二个景山，又在何处安放呢？主张拆除者在这些问题上面没有费过脑汁，也许是由于根本没有想到，乃至没有知道墙心内有混凝土的问题吧。

就说绕过这样一个问题而不讨论，假设北京同其他县城的城墙一样是比较简单的工程，计算把城砖拆下做成暗沟，用灰土将护城河填平，铺好公路，到底是不是一举两得的一种便宜的建设呢？

由主张保存者的立场来回答是：苦心的朋友们，北京城外并不缺少土地呀，四面都是广阔的平原，我们又为什么要费这样大的人力，一两个野战军的人数，来取得这一带之地呢？拆除城墙所需的庞大的劳动力是可以积极生产许多有利于人民的果实的。将来我们有力量建设，砖窑业是必要发展的，用不着这样费事去取得。如此浪费人力，同时还要毁掉环绕着北京的一件国宝文物——一圈对于北京形体的壮丽有莫大关系的古代工程，对于北京卫生有莫大功用的环城护城河——这不但是庸人自扰，简直是罪过的行动了。

　　这样辩论斗争的结果，双方的意见是不应该不趋向一致的。事实上，凡是参加过这样辩论的，结论便是认为城墙的确不但不应拆除，且应保护整理，与护城河一起作为一个整体的计划，善于利用，使它成为将来北京市都市计划中的有利的，仍为现代所重用的一座纪念性的古代工程。这样由它的物质的特殊和珍贵，形体的朴实雄壮，反映到我们的感觉上来，它会丰富我们对北京的喜爱，增强我们民族精神的饱满。

北京——都市计划中的无比杰作 *

　　中国人民的首都北京，是一个极年老的旧城，却又是一个极年轻的新城。北京曾经是封建帝王威风的中心，军阀和反动势力的堡垒，今天它却是初落成的，照耀全世界的民主灯塔。它曾经是没落到只能引起无限"思古幽情"的旧京，也曾经是忍受侵略者铁蹄践踏的沦陷城，现在它却是生气蓬勃地在迎接社会主义曙光中的新首都。它有丰富的政治历史意义，更要发展无限文化上的光辉。

　　构成整个北京的表面现象的是它的许多不同的建筑物，那显著而美丽的历史文物，艺术的表现；如北京雄劲的周围城墙，城门上嶙峋高大的城楼，围绕紫禁城的黄瓦红墙，御河的栏杆石桥，宫城上窈窕的角楼，宫廷内宏丽的宫殿，或是

---

* 本文原连载于1951年4月出版的《新观察》第2卷第7期和第8期。

园苑中妩媚的廊庑亭榭，热闹的市心里牌楼店面，和那许多坛庙、塔寺、宅第、民居，它们是个别的建筑类型，也是个别的艺术杰作。每一类，每一座，都是过去劳动人民血汗创造的优美果实，给人以深刻的印象；今天这些都回到人民自己手里，我们对它们宝贵万分是理之当然。但是，最重要的还是这各种类型，各个或各组的建筑物的全部配合；它们与北京的全盘计划整个布局的关系；它们的位置和街道系统如何相辅相成；如何集中与分布；引直与对称；前后左右，高下起落，所组织起来的北京的全部部署的庄严秩序，怎样成为宏壮而又美丽的环境。北京是在全盘的处理上才完整地表现出伟大的中华民族建筑的传统手法和在都市计划方面的智慧与气魄。这整个的体形环境增强了我们对于伟大的祖先的景仰，对于中华民族文化的骄傲，对于祖国的热爱。北京对我们证明了我们的民族在适应自然，控制自然，改变自然的实践中有着多么光辉的成就。这样一个城市是一个举世无匹的杰作。

我们承继了这份宝贵的遗产，的确要仔细地了解它——它的发展的历史、过去的任务同今天的价值。不但对于北京个别的文物，我们要加深认识，且要对这个部署的体系提高理解，在将来的建设发展中，我们才能保护固有的精华，才不至于使

拙匠随笔

北京受到不可补偿的损失。并且也只有深入地认识和热爱北京独立的和谐的整体格调,才能掌握它原有的精神来做更辉煌的发展,为今天和明天服务。

北京城的特点是热爱北京的人们都大略知道的。我们就按着这些特点分述如下。

我们的祖先选择了这个地址

北京在位置上是一个杰出的选择。它在华北平原的最北头,处于两条约略平行的河流的中间,它的西面和北面是一弧线的山脉围抱着,东面南面则展开向着大平原。它为什么坐落在这个地点是有充足的地理条件的。选择这地址的本身就是我们祖先同自然斗争的生活所得到的智慧。

北京的高度约为海拔50公尺,地质学家所研究的资料告诉我们,在它的东南面比它低下的地区,四五千年前还都是低洼的湖沼地带。所以历史学家可以推测,由中国古代的文化中心的"中原"向北发展,势必沿着太行山麓这条50公尺等高线的地带走。因为这一条路要跨渡许多河流,每次便必须在每条河流的适当的渡口上来往。当我们的祖先到达永定河的右岸时,经验使他们找到那一带最好的渡口。这地点正是我们现在的卢沟桥所在。渡过了这个渡口之后，正北有一支西山山脉向东伸出，挡住去路，往东走了10余公里，这支山脉才消失到一片平原里。所以就在这里，西倚山麓，东向平原，一个农业的民族建立了一个最有利于发展的聚落，当然是适当而合理的。北京的位置就这样地产生了。并且也就在这里，他们有了更重要的发展，同北面的游牧民族开始接触，是可以由这北京的位置开始，分3条主要道路通到北面的山岳高原和东北面的辽东平原的。那3个口子就是南口、古北口和山海关。北京可以说是向着这3条路出发的分岔点，这也成了今天北京城主要构成原因之一。北京是河北平原旱路北行的终点，又是通向"塞外"高原的起点。我们的祖先选择了这地方，不但建立一个聚落，并且发展成中国古代边区的重点，完全是适应地理条件的活动。这地方经过世代的发展，在周朝为燕国的都邑，称作蓟；到了唐是幽州城，节度使的府衙所在；在五代和北宋是辽的南京，亦称作燕京；在南宋是金的中都。到了元朝，城的位置东移，建设一新，成为全国政治的中心，就成了今天北京的基础。最难得的是明清两代易朝换代的时候都未经太大的破坏就又在旧基础上修建展拓，随着条件发展，到了今天，城中每段街、每一个区域都有着丰实的历史和劳动人民血汗的成绩。有纪念价值的

拙匠随笔

文物实在是太多了。

（本节的主要资料是根据燕大侯仁之教授在清华的讲演《北京的地理背景》写成的）

北京城近千年来的4次改建

一个城是不断地随着政治经济的变动而发展着改变着的，北京当然也非例外。但是在过去1000年中间，北京曾经有过4次大规模的发展，不单是动了土木工程，并且是移动了地址的大修建。对这些变动有个简单认识，对于北京城的布局形势便更觉得亲切。

现在北京最早的基础是唐朝的幽州城，它的中心在现在广安门外迤南一带。本为范阳节度使的驻地，安禄山和史思明向唐代政权进攻曾由此发动，所以当时是军事上重要的边城。后来刘仁恭父子割据称帝，把城中的"子城"改建成宫城的规模，有了宫殿。公元937年，北方民族的辽势力渐大，五代的石晋割了燕云等十六州给辽，辽人并不曾改动唐的幽州城，只加以修整，将它"升为南京"。这时的北京开始成为边疆上一个相当区域的政治中心了。

到了更北方的民族金人侵入时，先灭辽，又攻败北宋，将宋的势力压缩到江南地区，自己便承袭辽的"南京"，以它为首都。起初金也没有改建旧城，1151年才大规模地将辽城扩大，增建宫殿，有意识地模仿北宋汴梁的形制，按图兴修。金人把宋东京汴梁（开封）的宫殿范围和真定（正定）的潭圃木料拆卸北运，在此大大建设起来，称它作中都，这时的北京便成了半个中国的中心。当然，许多辉煌的建筑仍然是中都的劳动人民和技术匠人，承继着北宋工艺的宝贵传统，又创造出来的。在金人进攻掠夺"中原"的时候，"匠户"也是他们劫掳的对象，所以汴梁的许多匠人曾被迫随着金军到了北京，为金的统治阶级服务。金朝在北京曾不断地营建，规模宏大，最重要的还有当时的离宫，今天的中海北海。辽以后，金在旧城基础上扩充建设，便是北京第一次的大改建，但它的东面城墙还在现在的琉璃厂以西。

1215年元人破中都，中都的宫城同宋的东京一样遭到剧烈破坏，只有郊外的离宫大略完好。1260年以后，元世祖忽必烈数次到金故中都，都没有进城而驻跸在离宫琼华岛上的宫殿里。这地方便成了今天北京的胚胎，因为到了1267年元代开始建城的时候，就以这离宫为核心建造了新首都。元大都的皇宫是围绕北海和中海而布置的，元代的北京城便围绕着这皇宫成一正方形。

这样，北京的位置由原来的地址向东北迁移了很多。这新城的西南角同旧城的东北角差不多接壤，这就是今天的宣武门迤西一带。虽然金城的北面在现在的宣武门内，当时元的新城最南一面却只到现在的东西长安街一线上，所以两城还隔着一个小距离。主要原因是当元建新城时，金的城墙还没有拆掉之故。元代这次新建设是非同小可的，城的全部是一个完整的布局。在制度上有许多仍是承袭中都的传统，只是规模更大了。如宫门楼观、宫墙角楼、护城河、御路、石桥、千步廊的制度，不但保留中都所有，且超过汴梁的规模。还有故意恢复一些古制的，如"左祖右社"的格式，以配合"前朝后市"的形势。

这一次新址发展的主要存在基础不仅是有天然湖沼的离宫和它优良的水潭，还有极好的粮运的水道。什刹海曾是航运的终点，成了重要的市中心。当时的城是近乎正方形的，北面在今日北城墙外约2公里，当时的鼓楼便位于全城的中心点上，在今什刹海北岸。因为船只可以在这一带停泊，钟鼓楼自然是那时热闹的商市中心。这虽是地理条件所形成，但一向许多人说到元代北京形制，总以这"前朝后市"为严格遵循古制的证据。元时建的尚是土城，没有砖面，东、西、南，每面3

门；唯有北面只有两门，街道引直，部署井然。当时分全市为50坊，鼓励官吏人民从旧城迁来。这便是辽以后北京第二次的大改变。它的中心宫城基本上就是今天北京的故宫与北海中海。

1368年明太祖朱元璋灭了元朝，次年就"缩城北五里"，筑了今天所见的北面城墙。原因显然是本来人口就稀疏的北城地区，到了这时，因航运滞塞，不能到达什刹海，因而更萧条不堪，而商业则因金的旧城东壁原有的基础渐在元城的南面郊外繁荣起来。元的北城内地址自多旷废无用，所以索性缩短5里了（图一）。

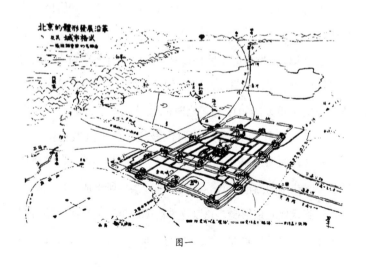

图一

拙匠随笔

明成祖朱棣迁都北京后，因衙署不足，又没有地址兴修，1419年便将南面城墙向南展拓，由长安街线上移到现在的位置。南北两墙改建的工程使整个北京城约略向南移动1/4，这完全是经济和政治的直接影响。且为了元的故宫已故意被破坏过，重建时就又做了若干修改。最重要的是因不满城中南北中轴线为什刹海所切断，将宫城中线向东移了约150公尺，正阳门、钟鼓楼也随着东移，以取得由正阳门到鼓楼、钟楼中轴线的贯通，同时又以景山横亘在皇宫北面如一道屏风。这个变动使景山中峰上的亭子成了全城南北的中心，替代了元朝的鼓楼的地位。这50年间陆续完成的3次大工程便是北京在辽以后的第三次改建。这时的北京城就是今天北京的内城了。

在明中叶以后，东北的军事威胁逐渐强大，所以要在城的四面再筑一圈外城。原拟在北面利用元旧城，所以就决定内外城的距离照着原来北面所缩的5里。这时正阳门外已非常繁荣，西边宣武门外是金中都东门内外的热闹区域，东边崇文门外这时受航运终点的影响，工商业也发展起来。所以工程由南面开始，先筑南城。开工之后，发现费用太大，尤其是城墙由明代起始改用砖，较过去土墙所费更大，所以就改变计划，仅筑南城一面。外城东西仅比内城宽出六七百公尺，便折而向北，止于内城西南东南两角上，即今西便门、东便门之处。这是在唐幽州基础上辽以后北京第四次的大改建。北京今天的凸字形状的城墙就是这样在1553年完成的。假使这外城按原计划完成，则东面城墙将在二闸，西面差不多到了公主坟，现在的东岳庙、大钟寺、五塔寺、西郊公园、天宁寺、白云观便都要在外城之内了（图二）。

清朝承继了明朝的北京，虽然个别的建筑单位许多经过了重建，对整个布局体系则未改动，一直到了今天。民国以后，北京市内虽然有不少的局部改建，尤其是道路系统，为适合近代使用，有了很多变更，但对于北京的全部规模则尚保存原来秩序，没有大的损害。

由那4次的大改建，我们认识到一个事实，就是城墙的存在也并不能阻碍城区某部分一定的发展，也不能防止某部分的衰落。全城各部分是随着政治、军事、经济的需要而有所兴废。北京过去在体形的发展上，没有被它的城墙限制过它必要的展拓和所展拓的方向，就是一个明证。

北京的水源——全城的生命线

从元建大都以来，北京城就有了一个问题，不断地需要完满解决，到了今天同样问题也仍然存在。那就是北京城的水源

拙匠随笔

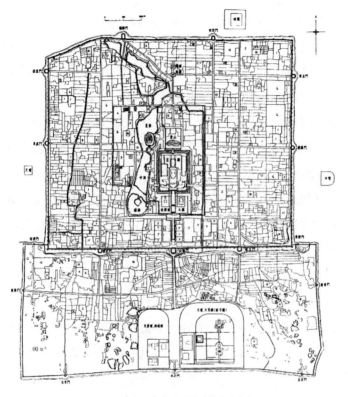

图二　清代北京城平面图（乾隆时期）

1—亲王府；2—佛寺；3—道观；4—清真寺；5—天主教堂；6—仓库；7—衙署；
8—历代帝王庙；9—满洲堂子；10—官手工业局及作坊；11—贡院；12—八旗营
房；13—文庙、学校；14—皇史宬（档案库）；15—马圈；16—牛圈；17—驯象所；
18—义地、养育堂

问题。这问题的解决与否在有铁路和自来水以前的时代里更严重地影响着北京的经济和全市居民的健康。

在有铁路以前，北京与南方的粮运完全靠运河。由北京到通州之间的通惠河一段，顺着西高东低的地势，须靠由西北来的水源。这水源还须供给什刹海、三海和护城河，否则它们立即枯竭，反成孕育病疫的水洼，水源可以说是北京的生命线。

北京近郊的玉泉山的泉源虽然是"天下第一"，但水量到底有限；供给池沼和饮料虽足够，但供给航运则不足了。辽金时代航运水道曾利用高梁河水，元初则大规模地重新计划。起初曾经引永定河水东行，但因夏季山洪暴发，控制困难，不久即放弃。当时的河渠故道在现在西郊新区之北，至今仍可辨认。废弃这条水道之后的计划是另找泉源。于是便由昌平县神山泉引水南下，建造了一条石渠，将水引到瓮山泊（昆明湖）再由一道石渠东引入城，先到什刹海，再流到通惠河。这两条石渠在西北郊都有残迹，城中由什刹海到二闸的南北河道就是现在南北河沿和御河桥一带。元时所引玉泉山的水是与由昌平南下经由昆明湖入城的水分流的。这条水名金水河，沿途严禁老百姓使用，专引入宫苑池沼，主要供皇室的饮水和栽花养鱼之用。金水河由宫中流到护城河，然后由昆明湖什刹海那一股水汇流入通惠河。元朝对水源计划之苦心，水道建设规模之大，后代都不能及。城内地下暗沟也是那时留下绝好的基础，经明增设，到现在还是最可贵的下水道系统。

明朝先都南京，昌平水渠破坏失修，竟然废掉不用。由昆明湖出来的水与由玉泉山出来的水也不两河分流，事实上水源完全靠玉泉山的水。因此水量顿减，航运当然不能入城。到了清初建设时，曾作补救计划，将西山碧云寺、卧佛寺同香山的泉水都加入利用，引到昆明湖。这段水渠又破坏失修后，北京水量一直感到干涩不足。解放之前若干年中，三海和护城河淤塞情形是愈来愈严重，人民健康曾大受影响。龙须沟的情况就是典型的例子。

1950年，北京市人民政府大力疏浚北京河道，包括三海和什刹海，同时疏通各种沟渠，并在西直门外增凿深井，增加水源。这样大大地改善了北京的环境卫生，是北京水源史中又一次新的纪录。现在我们还可以期待永定河上游水利工程，眼看着将来再努力沟通京津水道航运的事业。过去伟大的通惠运河仍可再用，是我们有利的发展基础。

（本节部分资料是根据侯仁之《北平金水河考》）

北京的城市格式——中轴线的特征

如上文所曾讲到，北京城的凸字形平面是逐步发展而来。它在16世纪中叶完成了现在的特殊形状。城内的全部布局则是由中国历代都市的传统制度，通过特殊的地理条件，和元、明、清三代政治经济实际情况而发展的具体形式。这个格式的形成，一方面是遵循或承袭过去的一般的制度，一方面又由于所尊崇的制度同自己的特殊条件相结合所产生出来的变化运用。北京的体形大部是由于实际用途而来，又曾经过艺术的处理而达到高度成功的。所以北京的总平面是经得起分析的。过去虽然曾很好地为封建时代服务，今天它仍然能很好地为新民主主义时代的生活服务。并还可以再作社会主义时代的都城，毫不阻碍一切有利的发展。它的累积的创造成绩是永远可以使我们骄傲的。

大略地说，凸字形的北京，北半是内城，南半是外城，故宫为内城核心，也是全城布局重心，全城就是围绕这中心而部署的。但贯通这全部部署的是一根直线。一根长达8公里，全世界最长，也最伟大的南北中轴线穿过了全城。北京独有的壮美秩序就由这条中轴的建立而产生。前后起伏左右对称的体形或空间的分配都是以这中轴为依据的。气魄之雄伟就在这个南北引伸，一贯到底的规模。我们可以从外城最南的永定门说起，从这南端正门北行，在中轴线左右是天坛和先农坛两个约略对称的建筑群；经过长长一条市楼对列的大街，到达珠市口的十字街口之后才面向着内城第一个重点——雄伟的正阳门楼。在门前百余公尺的地方，拦路一座大牌楼，一座大石桥，为这第一个重点做了前卫。但这还只是一个序幕。过了此点，从正阳门楼到中华门，由中华门到天安门，一起一伏、一伏而又起，这中间千步廊（民国初年已拆除）御路的长度，和天安门面前的宽度，是最大胆的空间的处理，衬托着建筑重点的安排。这个当时曾经为封建帝王据为己有的禁地，今天是多么恰当地回到人民手里，成为人民自己的广场！由天安门起，是一系列轻重不一的宫门和广庭，金色照耀的琉璃瓦顶，一层又一层地起伏峋峙，一直引导到太和殿顶，便到达中线前半的极点，然后向北，重点逐渐退削，以神武门为尾声。再往北，又"奇峰突起"地立着景山做了宫城背后的衬托。景山中峰上的亭子正在南北的中心点上。由此向北是一波又一波的远距离重点的呼应。由地安门，到鼓楼、钟楼，高大的建筑物都继续在中轴线上。但到了钟楼，中轴线便有计划地，也恰到好处地结束了。中线不再向北到达墙根，而将重点平稳地分配给左右分立的两个北面城楼——安定门和德胜门。有这样气魄的建筑总布局，以这样规模来处理空间，世界上就没有第二个！

在中线的东西两侧为北京主要街道的骨干；东西单牌楼和东西四牌楼是4个热闹商市的中心。在城的四周，在宫城的四角上，在内外城的四角和各城门上，立着十几个环卫的突出点。这些城门上的门楼、箭楼及角楼又增强了全城三度空间的抑扬顿挫和起伏高下。因北海和中海、什刹海的湖沼岛屿所产生的不规则布局，和因琼华岛塔和妙应寺白塔所产生的突出点，以及许多坛庙园林的错落，也都增强了规则的布局和不规则的变化的对比。在有了飞机的时代，由空中俯瞰，或仅由各个城楼上或景山顶上遥望，都可以看到北京杰出成就的优异。这是一份伟大的遗产，它是我们人民最宝贵的财产，还有人不感到吗？

北京的交通系统及街道系统

北京是华北平原通到蒙古高原、热河山地和东北的几条大路的分岔点，所以在历史上它一向是一个政治、军事重镇。北京在元朝成为大都以后，因为运河的开凿，以取得东南的粮食，才增加了另一条东面的南北交通线。一直到今天，北京与南方联系的两条主要铁路干线都沿着这两条历史的旧路修筑；而京包、京热两线也正筑在我们祖先的足迹上。这是地理条件所决定。因此，北京便很自然地成了华北北部最重要的铁路衔接站。自从汽车运输发达以来，北京也成了一个公路网的中心。西苑、南苑两个飞机场已使北京对外的空运有了驿站。这许多市外的交通网同市区的街道是息息相关互相衔接的，所以北京城是会每日增加它的现代效果和价值的。

今天所存在的城内的街道系统，用现代都市计划的原则来分析，是一个极其合理，完全适合现代化使用的系统。这是一个令人惊讶的事实，是任何一个中世纪城市所没有的。我们不得不又一次敬佩我们祖先伟大的智慧。

这个系统的主要特征在大街与小巷，无论在位置上或大小上，都有明确的分别，大街大致分布成几层合乎现代所采用的"环道"；由"环道"明确地有四向伸出的"幅道"。结果主要的车辆自然会汇集在大街上流通，不致无故地去窜小胡同，胡同里的住宅得到了宁静，就是为此。

所谓几层的环道，最内环是紧绕宫城的东西长安街、南北池子、南北长街、景山前大街。第二环是王府井、府右街，南北两面仍是长安街和景山前大街。第三坏以东西交民巷，东单东四，经过铁狮子胡同、后门、北海后门、太平仓、西四、西单而完成。这样还可更向南延长，经宣武门、菜市口、珠市口、磁器口而入崇文门。近年来又逐步地开辟一个第四环，就是东城的南北小街、西城的南北沟沿、北面的北新桥大街，鼓楼东大街，以达新街口。但鼓楼与新街口之间因有什刹海的梗阻，要多少费点事。南面则尚未成环（也许可与东西交民巷衔接）。这几环中，虽然有多少尚待展宽或未完全打通的段落，但极易完成。这是现代都市计划学家近年来才发现的新原则。欧美许多城市都在它们的弯曲杂乱或呆板单调的街道中努力计划开辟成环道，以适应控制大量汽车流通的迫切需要。我们的北京却可应用600年前建立的规模，只需稍加展宽整理，便可成为最理想的街道系统。这的确是伟大的祖先留给我们的"余荫"。

有许多人不满北京的胡同，其实胡同的缺点不在其小，而在其泥泞和缺乏小型空场与树木。但它们都是安静的住宅区，有它的一定优良作用。在道路系统的分配上也是一种很优良的秩序，这些便是我们发展的良好基础，可以予以改进和提高的。

北京城的土地使用——分区

我们不敢说我们的祖先计划北京城的时候，曾经计划到它的土地使用或分区。但我们若加以分析，就可看出它大体上是分了区的，而且在位置上大致都适应当时生活的要求和社会条件。

内城除紫禁城为皇宫外，皇城之内的地区是内府官员的住宅区。皇城以外，东西交民巷一带是各衙署所在的行政区（其中东交民巷在《辛丑条约》之后被划为"使馆区"）。而这些住宅的住户，有很多就是各衙署的官员。北城是贵族区，和供应他们的商店区，这区内王府特别多。东西四牌楼是东西城的两个主要市场；由它们附近街巷名称，就可看出。如东四牌楼附近是猪市大街、小羊市、驴市（今改"礼士"）胡同等；西四牌楼则有马市大街、羊市大街、羊肉胡同、缸瓦市等。

至于外城，大体地说，正阳门大街以东是工业区和比较简陋的商业区，以西是最繁华的商业区。前门以东以商业命名的街道有鲜鱼口、瓜子店、果子市等；工业的则有打磨厂、梯子胡同等等。以西主要的是珠宝市、钱市胡同、大栅栏等，是主要商店所聚集；但也有粮食店、煤市街。崇文门外则有巾帽胡同、木厂胡同、花市、草市、磁器口等等，都表示着这一带的土地使用性质。宣武门外是京官住宅和各省府州县会馆区，会馆是各省入京应试的举人们的招待所，因此知识分子大量集中在这一带。应景而生的是他们的"文化街"，即供应读书人的琉璃厂的书铺集团，形成了一个"公共图书馆"；其中掺杂着许多古玩铺，又正是供给知识分子观摩的"公共文物馆"。下面要提到的就是文娱区；大多数的戏院都散布在前门外东西两侧的商业区中间。大众化的杂耍场集中在天桥。至于骚人雅士们则常到先农坛迤西洼地中的陶然亭吟风咏月，饮酒赋诗。

由上面的分析，我们可以看出，以往北京的土地使用，的确有分区的现象。但是除皇城及它迤南的行政区是多少有计划的之外，其他各区都是在发展中自然集中而划分的。这种分区情形，到民国初年还存在。

到现在，除去北城的贵族已不贵了，东交民巷又由"使馆区"收复为行政区而仍然兼是一个有许多已建立邦交的使馆或尚未建立邦交的"使馆"所在区，和西交民巷成了银行集中的商务区而外，大致没有大改变。近二三十年来的改变，则在外城建立了几处工厂。王府井大街因为东安市场之开辟，再加上供应东交民巷帝国主义外交官僚的消费，变成了繁盛的零售商店街，部分夺取了民国初年军阀时代前门外的繁荣。东西单牌楼之间则因长安街三座门之打通而繁荣起来，产生了沿街"洋式"店楼形制。全城的土地使用，比清末民初时期显然增加了杂乱错综的现象。幸而因为北京以往并不是一个工商业中心，体形环境方面尚未受到不可挽回的损害。

北京城是一个具有计划性的整体

北京是中国（可能是全世界）文物建筑最多的城。元、明、清历代的宫苑、坛庙、塔寺分布在全城，各有它的历史艺术意义，是不用说的。要再指出的是：因为北京是一个先有计划然后建造的城（当然，计划所实现的都曾经因各时代的需要屡次修正，而不断地发展的）。它所特具的优点主要就在它那具有计划性的城市的整体。那宏伟而庄严的布局，在处理空间和分配重点上创造出卓越的风格，同时也安排了合理而有秩序的街道系统，而不仅在它内部许多个别建筑物的丰富的历史意义与艺术的表现。所以我们首先必须认识到北京城部署骨干的卓越，北京建筑的整个体系是全世界保存得最完好，而且继续有传统的活力的、最特殊、最珍贵的艺术杰作。这是我们对北京城不可忽略的起码认识。

就大多数的文物建筑而论，也都不仅是单座的建筑物，而往往是若干座合组而成的整体，为极可宝贵的艺术创造，故宫就是最显著的一个例子。其他如坛庙、园苑、府第，无一不是整组的文物建筑，有它全体上的价值。我们爱护文物建筑，不仅应该爱护个别的一殿，一堂，一楼，一塔，而且必须爱护它的周围整体和邻近的环境。我们不能坐视，也不能忍受一座或一组壮丽的建筑物遭受到各种各样直接或间接的破坏，使它们委曲在不调和的周围里，受到不应有的宰割。过去因为帝国主义的侵略，和我们不同体系，不同格调的各型各式的所谓洋式楼房，所谓摩天高楼，模仿到家或不到家的欧美系统的建筑物，庞杂凌乱地大量渗到我们的许多城市中来，长久地劈头拦腰破坏了我们的建筑情调，渐渐地麻痹了我们对于环境的敏感，使我们习惯于不调和的体形或习惯于看着自己优美的建筑物被摒弃到委曲求全的夹缝中，而感到无可奈何。我们今后在建设中，这种错误是应该予以纠正了。代替这种蔓延野生的恶劣建筑，必须是有计划有重点地发展，比如明年，在天安门的前面，广场的中央，将要出现一座庄严雄伟的人民英雄纪念碑。几年以后，广场的外围将要建起整齐壮丽的建筑，将广场衬托起来。长安门（三座门）外将是绿荫平阔的林荫大道，一直通出城墙，使北京向东西城郊发展。那时的天安门广场将要更显得雄壮美丽了。总之，今后我们的建设，必须强调同环

拙匠随笔

境配合，发展新的来保护旧的，这样才能保存优良伟大的基础，使北京城永远保持着美丽、健康和年轻。

北京城内城外无数的文物建筑，尤其是故宫、太庙（现在的劳动人民文化宫）、社稷坛（中山公园）、天坛、先农坛、孔庙、国子监、颐和园等等，都普遍地受到人们的赞美。但是一件极重要而珍贵的文物，竟没有得到应有的注意，乃至被人忽视，那就是伟大的北京城墙。它的产生，它的变动，它的平面形成凸字形的沿革，充满了历史意义，是一个历史现象辩证的发展的卓越标本，已经在上文叙述过了。至于它的朴实雄厚的壁垒，宏丽嶙峋的城门楼、箭楼、角楼，也正是北京体形环境中不可分离的艺术构成部分。我们还需要首先特别提到，苏联人民称斯摩棱斯克的城墙为苏联的项链，我们北京的城墙，加上那些美丽的城楼，更应称为一串光彩耀目的中国人民的璎珞了。古史上有许多著名的台——古代封建主的某些殿宇是筑在高台上的，台和城墙有时不分——后来发展成为唐宋的阁与楼时，则是在城墙上含有纪念性的建筑物，大半可供人民登临。前者如春秋战国燕和赵的丛台，西汉的未央宫，汉末曹操和东晋石赵在邺城的先后两个铜雀台，后者如唐宋以来由文字流传后世的滕王阁、黄鹤楼、岳阳楼等。宋代的宫前门楼宣德楼的作用也还略像一个特殊的前殿，不只是一个仅具形式的城楼。北京岣峙着许多壮观的城楼角楼，站在上面俯瞰城郊，远览风景，可以供人娱心悦目，舒畅胸襟。但在过去封建时代里，因人民不得登临，事实上是等于放弃了它的一个可贵的作用。今后我们必须好好利用它为广大人民服务。现在前门箭楼早已恰当地作为文娱之用。在北京市各界人民代表会议中，又有人建议用崇文门、宣武门两个城楼做陈列馆，以后不但各城楼都可以同样地利用，并且我们应该把城墙上面的全部面积整理出来，尽量使它发挥它所具有的特长。城墙上面面积宽敞，可以布置花池，栽种花草，安设公园椅，每隔若干距离的敌台上可建凉亭，供人游息。由城墙或城楼上俯视护城河与郊外平原，远望西山远景或紫禁城宫殿。它将是世界上最特殊的公园之一——一个全长达39.75公里的立体环城公园（见图三）！

人民中国的首都正在面临着经济建设、文化建设——市政建设高潮的前夕。解放两年以来，北京已在以递加的速率改变，以适合不断发展的需要。今后一二十年之内，无数的新建筑将要接踵地兴建起来，街道系统将加以改善，千百条的大街小巷将要改观，各种不同性质的区域要划分出来。北京城是必须现代化的；同时北京城原有的整体文物性特征和多数个别的文物建筑又是必须保存的。我们必须"古今兼顾，新旧两

图三

利"。我们对这许多错综复杂的问题应如何处理？是每一个热爱中国人民首都的人所关切的问题。

如同在许多其他的建设工作中一样，先进的苏联已为我们解答了这个问题，立下了良好的榜样。在《苏联卫国战争被毁地区之重建》一书中，苏联的建筑史家N.窝罗宁教授说：

"计划一个城市的建筑师必须顾到他所计划的地区生活的历史传统和建筑的传统。在他的设计中，必须保留合理的、有历史价值的一切和在房屋类型和都市计划中，过去的经验所形成的特征的一切；同时这城市或村庄必须成为自然环境中的一部分……新计划的城市的建筑样式必须避免呆板硬性的规格化，因为它将掠夺了城市的个性，他必须采用当地居民所珍贵的一切。

"人民在便利、经济和美感方面的需要，他们在习俗与文化方面的需要，是重建计划中所必须遵守的第一条规则……"

窝罗宁教授在他的书中举辨了许多实例。其中一个被称为"俄罗斯的博物院"的诺夫哥洛城，这个城的"历史性的文物建筑比任何一个城都多"。

"它的重建是建筑院院士舒舍夫负责的。他的计划做了依照古代都市计划制度重建的准备，当然加上现代化的改善……在最卓越的历史文物建筑周围的空地将布置成为花园，以便取得文物建筑的观景。若干组的文物建筑群将被保留为国宝……

"关于这城……的新建筑样式，建筑师们很正确地拒绝了庸俗的'市侩式'建筑，而采取了被称为'地方性的拿破仑时代的'建筑。因为它是该城原有建筑中最典型的样式……

"……建筑学者们指出：在计划重建新的诺夫哥洛的设计中，要给予历史性文物建筑以有利的位置，使得在远处近处都可以看见它们的原则的正确性……

"对于许多类似诺夫哥洛的古俄罗斯城市之重建的这种研讨将要引导使问题得到最合理的解决，因为每一个意见都是对

拙匠随笔

于以往的俄罗斯文物的热爱的表现……"

怎样建设"中国的博物院"的北京城，上面引录的原则是正确的。让我们向诺夫哥洛看齐，向舒舍夫学习。

附注：本文虽是作者答应担任下来的任务，但在实际写作进行中，都是同林徽因分工合作，有若干部分还偏劳了她，这是作者应该对读者声明的。

致周总理信——关于长安街规划问题

总理：

我深深惭愧自己工作能力既差，去年夏天身体又出了问题，因学习得不好，工作方法常有错误，在协助计划首都市政建设方面，尤其是在计划体形秩序的任务上掌握得极不够。两年来首都的建设工程发展得很混乱，虽说有行政机构在领导，实际上各处工程设计部分零乱分散，都没有组织，各行其是的现象甚为严重。

都市计划工作的目的是使各种建设有计划地互相配合，在平面部署上使人民得到最大的便利，如各种区域和道路系统的合理分配等，而在立体观瞻上，全市又能成为美好和谐的，且是承继优良传统风格的体形，如各型类建筑物的设计和安排。可是当我们刚开始进行调查，搜集资料以求了解情况的时候，各处兴建工程的浪潮已迫不及待地开始了。我同都

拙匠随笔

划会中有限的几位技术干部摸索了两年，无可讳认地工作做得太不够，也太不好。在总计划图没有完成并获批准以前，我们只能个别地在坚持原则而又照顾迫切需要的复杂情况下勉强拨地作兴工地址。这样就大量的建造，效果是不能令人满意的。有时我们原则性和斗争性不足以应付发展情况，常不得已做了尾巴。调查不够，资料不足，我们所做的决定或考虑大体都只凭主观判断。可痛心的是受损害的总是这可爱的首都。现在我们都多少认识到这样顾此失彼，没有抓紧领导是很大的错误，已发动更多部门一起抓紧总计划的研究（设立总计划专门委员会）。今后除时常自己检讨，再做主观努力，加强加紧外，我们认为还有必要时常对中央领导方面及时报告，反映意见，请求指示，我们才能配合政策，掌握得好一些。

近日来东长安街正要动工的一列大建筑正面临着一个极不易处理的情况。我踌躇再三，实在觉得不能不写信向你及时报告，求你在百忙中分出一点时间给我们或中央有关部门做一个特殊的指示，以便适当地修正挽救这还没有成为事实的错误。

事实是这样的：天安门广场东西两方的道路已逐步发展，没有问题地群众是欢迎将东西长安街发展为将来的林荫大道的。若本此原则，则东长安街南宽约50米的窄长空地便应同街北北京饭店前现时约50米绿带对称起来，妥为保护，早日种植树木，为林荫大道创造条件；绝不应再将街南划出，建造房屋，破坏那一带已存在的开朗规模。都市计划委员会成立以来最大努力和困难之一也就是如何制止盲目地支配这个地区而使它只有若干公共建筑同绿荫公园配合。不过因为近来北京极度房荒，而城内极少空地，两年中许多机关都争取这处地皮为自己单位增建办公房屋。都划会因没有已获批准的总图纲领可以遵循，为照顾迫切需要，不敢坚持保留，多少就凭主观判断决定暂时可以拨用，便将全段空地划给中央几个部建造办公楼，而希望在若干年后再行拆去。我当时因病在家，听到以后，非常踌躇，反复考虑。一方面我怀疑这样拨地是否适当；另一方面又不知自己的看法是否正确，考虑是否有欠灵活，不适合客观情况。结果便没有坚持保留绿地的主张。

都划会方面（在薛子正同志领导下）为照顾几年内这一带建筑所可能造成北京环境的损失计，拨地后曾给各部提了附带条件，要求各机关设计人要建筑物尽量同北京环境配合，最高不要过4层，规定按照民族形式设计，同时各部之间还要互相配合，以求整体的和谐。当时意思虽然也着重于平面上有计划性的部署，各部之间必须照顾相互的关系，建造面积和空地的比例，停车场的保留等等，但因都划会干部都缺乏经验，对这种职责不够了解，没有主动规定，对各部设计的建筑师，这些

拙匠随笔

技术上的要求，也就既不太明确，也没有进行严格检查。

因此，这些原则性的要求虽被接受，但在具体的设计上并没有受到足够的重视。实际的困难是很多的。如材料质地粗糙或标准不一，或买不到等。但更重要的是建筑师技术水准参差，大半不能掌握技术为中国建筑风格服务，也不能适应本地经济情况和材料的要求。同时在思想上又常做了西式结构的俘虏，以为近代一些材料技术都只能做出西洋系统的式样。最严重的是近10余年来世界主义的反传统建筑理论十分普遍，倡所谓"功用主义""忠实于材料""唯物"的论说（机械唯物的论说），其实是追求个人自由主义的，唯心的"创造""现代式杰作"的思想。（我自己就该做自我检讨，过去虽然研究且熟识中国建筑历史和传统手法，而在实际设计建筑物时，却受了世界主义影响，曾做过不顾环境，违反传统的"现代式"建筑，误以为那是国际主义的趋向。到解放后我才认识到国际主义同爱国主义的结合，痛悔过去误信了割断历史的建筑理论。而一般的建筑师还没有把爱国主义结合到自己业务方面，对中国优良传统十分怀疑或蔑视，且多歪曲事实说房架不经济来吓人，不肯严肃地去了解、分析与学习，反而没有立场地追随欧美各流派和单凭个人兴趣与好恶。）技术水准高的建筑师都说要"创造""新的民族形式"来支持自己所偏爱的欧美流行的所谓"现代式"的、"有机的"、以几何形立体组合的平顶建筑物的情感。技术差的则只熟悉一些简陋、生硬,缺乏任何美感的西式楼房。在这种情形下,现时中国的建筑形式难免不是半殖民地教育所产生的最显著的效果。形形色色,不伦不类,而不是有方向,有立场的努力。

这一次各部设计最初大体很简单,虽都保持中国建筑的轮廓,但因不谙传统手法,整体上还不易得到中国气味,这种细节本是可以改善的。在5月中旬我曾扶病去参加一次座谈会,提出一些技术上的意见,并表示希望各部建筑师互相配合,设法商洽修正进行。出乎意料之外,一个多月以后,各部又因买不到中国筒瓦,改变了样式,其结果完全成为形形色色的自由创造,各行其是的中西合璧!!本身同北京环境绝不调和,相互之间更是毫无关系。有上部做中国瓦坡而用洋式红瓦的,有平顶的,有做洋式女儿墙上镶一点中国瓦边的,有完全不折不扣的洋楼前贴上略带中国风味的门廊的,大多都用青砖而有一座坚持要用红砖。全部错杂零乱地罗列在首都最主要的大街上。其中纺织部又因与地下水道的抵触,地皮有3/4不能用。贸易部建筑面积大大地超过了同空地应有的比例。在此情形之下,他们就要动工了!

处理首都的立体环境本是都划会职责之一;但一年来忙于

拨地，在平面上的分配已很多处于被动，在立体形式方面也未抓紧有效的控制。这一列建筑物既已决定在显著地不宜密集建造的地点上，现在又加上这样粗制滥造，庞大而惹人注目的不正确、不调和的设计样式，而且要在已不足施工的时限内赶造起来。工程方面的问题更多到不可想象。我深深感到，在设计处理之不认真上和延搁各部工程施工的时间上，我们都应负大部分责任。但无论如何，这种不正确设计至少还未动工。我们应该不怕负起延搁工程的责任，宁愿受到检讨，请求延至明春动工，争取修正改善的补救办法，以免造成更大的，长期存在的错误。

几经讨论之后，各部建筑师对于首都环境的觉悟也提高了，纷纷自动要求都划会做统一修正，改动样式，以求同环境调和。可惜时间也不允许了。以现有的时间，草草修正枝节，并不解决问题，而在现有条件下，这样的工程必不能在冬季完工。我们对于这些工程十分忧虑，觉得今年完工与改善设计无法两全。我们知道你对于首都环境之调和、建筑外观都极端重视，我们更惴惴不安。人民雪亮的眼睛对于这种损害市容，破坏环境的建筑行列恐更不能饶恕。我这封信是考虑再三而后动笔的。自知这类事情与国家其他紧张工作相比，实轻如鸿毛，本不应让它来耗费总理宝贵的时间。但在你指派给我的岗位上，保护并发展首都的体形是我的任务。东长安街是处在这样重要显著的地位上，它的体形是每日每时万目共睹的。虽然若干年后可以拆除更改，但在建设伊始便使人民以极大的失望，在意义上较之几个月的时间和一部分工料的损失恐怕还大得多。

面临这个考验，大为彷徨，冒昧上书，实非得已。万望总理分神给予教导和指示。

　　　　此致

最敬礼

　　　　　　　　　　　　　　　　　　　　　梁思成

　　　　　　　　　　　　　　　　　　1951年8月15日

下编　建筑闲谈

致东北大学建筑系第一班毕业生信*

诸君！我在北平接到童先生（童寯）和你们的信，知道你们就要毕业了。童先生叫我到上海来参与你们毕业典礼，不用说，我是十分愿意来的，但是实际上怕办不到，所以写几句话，权当我自己到了。聊以表示我对童先生和你们盛意的感谢，并为你们道喜！

在你们毕业的时候，我心中的感想正合俗语所谓"悲喜交集"4个字，不用说，你们已知道我"悲"的什么，"喜"的什么，不必再加解释了。

回想4年前，差不多正是这几天，我在西班牙京城，忽然接到一封电报，正是高惜冰先生发的，叫我回来组织东北大学的建筑系，我那时还没有预备回来，但是往返电商几次，到底回

＊本文原载《中国建筑》创刊号1931年11月。

来了，我在8月中由西伯利亚回国，路过沈阳，与高院长一度磋商，将我在欧洲归途上拟好的草案讨论之后，就决定了建筑系的组织和课程。

我还记得上了头一课以后，有许多同学，有似晴天霹雳如梦初醒，才知道什么是"建筑"。有几位一听要"画图"，马上就溜之大吉，有几位因为"夜工"难做，慢慢地转了别系，剩下几位有兴趣而辛苦耐劳的，就是你们几位。

我还记得你们头一张Wash Plate，头一题图案，那是我们"筚路蓝缕，以启山林"的时代，多么有趣，多么辛苦，那时我的心情，正如看见一个小弟弟刚学会走路，在旁边扶持他，保护他，引导他，鼓励他，唯恐不周密。

后来林先生（林徽因）来了，我们一同看护小弟弟，过了他们的襁褓时期，那是我们的第一年。

以后陈先生（陈植）、童先生和蔡先生（蔡方荫）相继都来了，小弟弟一天一天长大了，我们的建筑系才算发育到青年时期，你们已由二年级而三年级，而在这几年内，建筑系已无形中形成了我们独有的一种Tradition，在东北大学成为最健全，最用功，最和谐的一个系。

去年6月底，建筑系已上了轨道，童先生到校也已一年，他在学问上和行政上的能力，都比我高出10倍，又因营造学社方

　　　　　　拙匠随笔

面早有默约，所以我忍痛离开了东北，离开了我那快要成年的兄弟，正想再等一年，便可看他们出来到社会上做一分子健全的国民，岂料不久竟来了蛮暴的强盗，使我们国破家亡，弦歌中辍！幸而这时有一线曙光，就是在童先生领导之下，暂立偏安之局，虽在国难期中，得以赓续工作，这是我要跟着诸位一同向童先生致谢的。

现在你们毕业了，毕业二字的意义很是深长，美国大学不叫毕业，而叫"始业"（Commencement）。这句话你们也许已听了多遍，不必我再来解释，但是事实还是你们"始业"了，所以不得不郑重地提出一下。

你们的业是什么？你们的业就是建筑师的业。建筑师的业是什么？直接地说是建筑物之创造，为社会解决衣食住三者中住的问题，间接地说，是文化的记录者，是历史之反照镜，所以你们的问题是十分的繁难，你们的责任是十分的重大。

在今日的中国，社会上一般的人，对于"建筑"是什么，大半没有什么了解，多以"工程"二字把它包括起来，稍有见识的，把它当土木一类，稍不清楚的，以为建筑工程与机械、电工等等都是一样，以机械电工问题求我解决的已有多起，以建筑问题，求电气工程师解决的，也时有所闻。所以你们"始业"之后，除去你们创造方面，4年来已受了深切的训练，不必多说外，在对于社会上所负的责任，头一样便是使他们知道什么是"建筑"，什么是"建筑师"。

现在对于"建筑"稍有认识，能将它与其他工程认识出来的，固已不多，即有几位其中仍有一部分对于建筑，有种种误解，不是以为建筑是"砖头瓦块"（土木），就以为是"雕梁画栋"（纯美术），而不知建筑之真义，乃在求其合用，坚固，美。前二者能圆满解决，后者自然产生，这几句话我已说了几百遍，你们大概早已听厌了。但我在这儿有机会，还要把它郑重地提出，希望你们永远记着，认清你的建筑是什么，并且对于社会，负有指导的责任，使他们对于建筑也有清晰的认识。

因为什么要社会认识建筑呢，因建筑的三元素中，首重合用。建筑的合用与否，与人民生活和健康，工商业的生产率，都有直接关系的。因建筑的不合宜，足以增加人民的死亡病痛，足以增加工商业的损失，影响重大，所以唤醒国人，保护他们的生命，增加他们的生产，是我们的义务，在平时社会状况之下，固已极为重要，在现在国难期中，尤为要紧，而社会对此，还毫不知道，所以是你们的责任，把他们唤醒。

为求得到合用和坚固的建筑，所以要有专门人才，这种专门人才，就是建筑师，就是你们！但是社会对于你们，还不认识呢。有许多人问我包了几处工程，或叫我承揽包工，他们不

拙匠随笔

知道我们是包工的监督者，是业主的代表人，是业主的顾问，是业主权利之保障者，如诉讼中的律师或治病的医生。常常他们误认我们为诉讼的对方，或药铺的掌柜——认你为木厂老板，是一件极大的错误，这是你们所必须为他们矫正的误解。

非得社会对于建筑和建筑师有了认识，建筑才会得到最高的发达。所以你们负有宣传的使命，对于社会有指导的义务，为你们的事业，先要为自己开路，为社会破除误解，然后才能有真正的建设，然后才能发挥你们创造的能力。

你们创造力产生的结果是什么？当然是"建筑"，不只是建筑，我们换一句话说，可以说是"文化的记录"——是历史。这又是我从前对你们屡次说厌了的话，又提起来，你们又要笑我说来说去都是这几句话，但是我还是要你们记着，尤其是我在建筑史研究者的立场上，觉得这一点是很重要的。几百年后，你我或如转了几次轮回，你我的作品，也许还供后人对民国廿一年（1932年）中国情形研究的资料，如同我们现在研究希腊罗马汉魏隋唐遗物一样。但是我并不能因此而告诉你们如何制造历史，因而有所拘束顾忌，不过古代建筑家不知道他们自己地位的重要，而我们对自己的地位，却有这样一种自觉，也是很重要的。

我以上说的许多话，都是理论，而建筑这东西并不如其他艺术，可以空谈玄理解决的，它与人生有密切的关系，处处与实用并行，不能相离脱。讲堂上的问题，我们无论如何使它与实际问题相似，但到底只是假的，与真的事实不能完全相同，如款项之限制，业主气味之不同，气候、地质、材料之影响，工人技术之高下，各城市法律之限制，等等问题，都不是在学校里所学得到的。必须在社会上服务，经过相当的岁月，得了相当的经验，你们的教育才算完成，所以现在也可以说，是你们理论教育完毕，实际经验开始的时候。

要得实际经验，自然要为已有经验的建筑师服务，可以得着在学校所不能得的许多教益，而在中国与青年建筑师以学习的机会的地方，莫如上海。上海正在要作复兴计划的时候，你们到上海来，也可以说是一种凑巧的缘分，塞翁失马，犹之你们被迫而到上海来，于你们前途，实有很多好处的。

现在你们毕业了，你们是东北大学第一班建筑学生，是"国产"建筑师的始祖，如一只新舰行下水典礼，你们的责任是何等重要，你们的前程是何等的远大！林先生与我两人，在此一同为你们道喜，遥祝你们努力，为中国建筑开一个新纪元！

梁思成

民国廿一年（1932年）7月

清华大学营建学系（现称建筑工程学系）学制及学程计划草案 *

《文汇报》编者按：昨天我们发表了《北京大学中国语文学系改革课程草案》，预备给南方各大学讨论学制时做一个参考。今天我们想再介绍《清华大学营建学系学制及学程计划草案》。前者是文学院的，这个则是工学院的。似乎可以显示他们设计改制的精神。原稿承清华建筑工程学系系主任梁思成先生赐掷。我们这里还要说一句，这个草案，是预备送华北高教会参考，而并未决定的。

＊ 此件原连载于《文汇报》1949年7月10日—12日。——左川注

本系的教育方针与将来课程之展望

本系是清华比较新成立的学系，成立仅三年。课程尚在每年更改，受国民党教育部大学规划的束缚也比较少。1938年度学年是解放后第一个新学年的开始，本系全体师生对于学制及课程经过数度商讨之后，谨将综合意见申述如下：

（一）本系课程及训练之目标

近余年来从事于所谓"建筑"的人，感觉到以往百年间，对于"建筑"观念之根本错误。由于建筑界若干前进之思想家的努力和倡导，引起来现代建筑之新思潮，这思潮的基本目的就在为人类建立居住或工作时适宜于身心双方面的体形环境。在这大原则大目标之下"建筑"的观念完全改变了。

以往的"建筑师"大多以一座建筑物作为一件雕刻品，只注意外表，忽略了房屋与人生密切的关系；大多只顾及一座建筑物本身，忘记了它与四周的联系；大多只为达官、富贾的高楼大厦和只对资产阶级有利的厂房、机关设计，而忘记了人民大众日常生活的许多方面；大多只顾及建筑物的本身，而忘记了房屋内部一切家具，设计和日常用具与生活和工作的关系。

拙匠随笔

换一句话说，就是所谓"建筑"的范围，现在扩大了，它的含义不只是一座房屋，而包括人类一切的体形环境。

所谓"体形环境"，就是有体有形的环境，细自一灯一砚，一杯一碟，大至整个的城市，以至一个地区内的若干城市间的联系，为人类的生活和工作建立文化、政治、工商业等各方面合理适当的"舞台"都是体形环境计划的对象。

清华大学"建筑"课程就以造就这种广义的体形环境设计人为目标。

这种广义的体形环境有三个方面：第一适用，第二坚固，第三美观。

适用是一个社会性的问题。从一间房屋，一座房屋，一所工厂或学校，以至一组多座建筑物间相关的联合，乃至一整个城市工商业区、住宅区、行政区、文化区等等的部署，每个大小不同、功用不同的单位的内部与各单位间的分隔与联系，都须使其适合生活和工作方式，适合于社会的需求，其适用与否对于工作或生活的效率是有密切关系的。体形环境之计划是整个社会问题中的一个极重要的方面，其第一要点在求其适宜于工作或居住的活动方式。适用的建筑可以增加居住及工作者身心的健康，健康是每一个人应享的权利，健康的人才能成为一个有用的人。

坚固是工程问题。在解决了适用问题之后，要选择经济而能负载起活动所需要的材料与方法以实现之。

美观是艺术问题。好美是人类的天性。在第一与第二两个限制之下，建造出来的体形环境，必须使其尽量引起居住或工作者的愉快感，提高精神方面的健康。在情感方面愉快的人，神经平静，性情温和，工作效率提高，充沛活泼的创造力，且能同他们建立良好的关系。

本系的教育方针是以训练学生能将这三个方面问题综合解决为目标。

（二）本系名称之改正

清华的建筑系，自成立以来，即以上列三方面之综合解决为目标，可以说是用砖石、瓦、木、水泥、钢铁等为材料（工程），解决一个社会问题（适用），而其结果必求其美观（艺术），那是一个综合性的工作。

因此我们感到国民党教育部所定"建筑工程学系"这个名称之不当，"建筑工程"，所解决的只是上列三个方面中坚固的一个方面问题。国外大学对于"建筑系"与"建筑工程系"素来明白分划。清华的课程不只是"建筑工程"的课程，而是三方面综合的课程，所以我们正式提出请求改称"营建学系"。"营"是适用与美观两方面的设计，"建"是用工程去解决坚固的问题使其实现，是与课程内容和训练目标相符的名称。

（三）营建人才与今后之建设工作

全中国的解放即在目前，我们整个国家即将遵照新民主主义政策踏上建设的大路。建设的目的在增加生产，增加生产的目的在为大众求福利，普遍地提高以农工为主的人民生活水准，生活问题之中，除去衣食之外，尚有住的问题，是社会中一个极大的问题。人民大众的生活与工作环境之提高，是我们建设目标之一。为增加生产，必须使工作的人能安居乐业。居住的房屋适用而合卫生，则工作的人可以安居，身心得以健康；身心健康，而工作的地方又适用与卫生，则可以乐业。既安居又乐业，生产效率就会提高，这是一串循环的因果。

为建设生产的工作，这种适合于工作，足以提高工作效率的体形环境之建立，是营建人才的责任，良好的体形环境之建立，其本身就是建设工作的一部分，所以营建在建设工作中有双重意义。

我们若分析工业，尤其是轻工业的种类，其中有极大部分是供给居住所用的。砖瓦、水泥、玻璃、五金、卫生设备、油漆、电料、木材、家具、地毯、锅瓢碗盏，所有一切饮食用具，都是供给居住所需之用的。营建与这一切工业有连环性的关系，可以互相刺激推进。这些工业所需的原料，又可以刺激重工业之发展。

政府若要鼓励这些工业之进展，就需使其有销路，若是建筑工作进展，就可以刺激这种工业之进展。建设工作活跃，营建工作就要展开，预做合理的计划或改善现状，因此营建人才之养成，间接地与工业发展有关；而且他们可以使一切工业产品得到适当而经济的使用，建设工业如无营建人才，必有大量的耗费，或不适用的设计，使人民无形中受到损失，因工厂部署之不适用，或工农住区环境之恶劣，而减低工作效率，是无形中增加了人民的负担，所以营建人才在建设事业中是极其需要的。

（四）本系学制及课程

本系是清华复员后新成立的学系，现在只有三个年级，一切课程尚未大定，在今后数年间，也许尚有按进展情形及社会需要，将课程斟酌改定之必要，现在所提出的只是暂拟的计划。

因为我们目前因体制经费的限制，只能顾及体形环境，营

　　　　　　　　　　　　拙匠随笔

建中之最主要部分，所以本系暂分为建筑与市镇计划两组。两组的基本原则虽同，但是着重点各异。建筑组着重建筑物本身之设计与建造，所以在房屋之设计和构造方面的课程较多。市镇计划组着重在整个城市乃至多组城市间相互的关系，在文化、政治、经济、交通等等各方面地区之部署、分配，求其便利、适用、美观，是一个与文化、政治、经济、交通、整个社会关系极密切的工作，所以工程方面着重市镇工程，还有若干社会政治科学。

本系的课程，既然须兼顾适用（社会）、坚固（工程）、美观（艺术）三个方面，所以学科分为下列五个类别：

A——文化及社会背景

B——科学及工程

C——表现技术

D——设计课程

E——综合研究

每学年之内，按学程进展将五类配合讲授，本系课程因为上述综合性的缘故，颇为繁重，因为一个学期内同时都有数项费时费脑筋的数理、工程和繁重的建筑设计图案功课。在四年制中，许多课程挤在一起，学生负担之重，冠于全校，因此学生多有若干门不及格者，不及格的若是连贯性课程中的先修科目，立刻就使学生不能在四年中毕业。国外大多数大学营建学院的课程，都是五年制的，也是因此，为矫正这个弊病，我们拟订了一个五年制课程，以计划较，要特别提醒的是五年制有一整年极其实用的工场实习，使学生得到对于房屋建造的实地经验和认识。五年制虽与清华现有的四年制不同，但国内其他大学已有用五年制的，北大工学院就是一个，为适合实际情形，我们认为改五年制是比较妥当的。

在这里我们要特别指出，清华的营建学系与北大的建筑工程学系的课程与目标之不同，北大注重的是建筑的工程；北大建筑工程学系的教授大多数是学土木工程出身的。清华着重的在体形环境三方面的全部综合。所以两校的课程不应用同一观点做比较。

（五）将来营建人才教育之推进

营建人才，对于国家建设前途，既如上述之重要，却是现在社会对于这重要性还不甚明了。但其重要性之存在，则是事实，因此全国各大学，应该都设立营建学系或营建学院。

一个营建学院的范围较大，可以设立下列各系：

（1）建筑学系——以房屋及其毗连的环境之设计为主要对象，课程与附表建筑组同。

　　　　　　　　　　　　　拙匠随笔

（2）市乡计划学系——以城市或城市与乡村乃至一个地理区域或经济文化区域内多数城市与乡村的关系为对象。目标在将农工商业、居住、行政、交通等等所需的地区做适当、合理、愉悦的分配，以增加人民身心健康，提高工作效率。

（3）造园学系——庭园在以往是少数人的享乐，今后则属于人民。现在的都市计划学说认为每一个城市里面至少应有1/10的面积作为公园运动场之类，才是供人民业余休息之需，尤其是将来的主人翁——现在的儿童，必须有适当的游戏空间。在高度工业化的环境中，人民大多渴望与大自然接触，所以各国多有幅员数十里乃至数百里的国立公园的设立。我国的北平西山、北戴河、五台山、天台山、莫干山、黄山、庐山、终南山、泰山、九华山、峨眉山、太湖、西湖等等无数的名胜，今后都应该使成为人民的公园。有许多地方因无计划的开发，已有多处的风景、林木、溪流、古迹、动物等等已被摧残损坏。这种人民公园的计划与保管需要专才，所以造园人才之养成，是一个上了轨道的社会和政府所不应忽略的。

（4）工业艺术学系——体形环境中无数的用品，从一把刀子，一个水壶，一块纺织物，一张椅子，一张桌子……乃至一辆汽车，一列火车，一艘轮船……关于其美观方面的设计。目前中国的工业品，尤其是机制的日常用品大多丑恶不堪，表示整个民族文化水准与趣味之低落。使日用品美化是提高文化水准的良好方法，在不知不觉中，可以提高人民的审美标准。从一方面看，现在的工业与艺术有许多方面已融成了一体（飞机就是一个最显著的例子），在另一方面，我国尚有许多值得提倡鼓励的手工艺，但同时须将其艺术水准提高。因此工业艺术与其他工业建设有不可分割的关系，是现时代所极需要的。

（5）建筑工程学系——以建筑的工程方面为对象，此系也可设在工学院中。

（六）前车之鉴

欧美许多的城市，近百年来因为工业的突飞猛进，而在资本主义的社会制度经济制度之下，只求资产阶级的利润，不顾人民及工人的生活和福利，以致形成了大都市体形环境方面不可收拾的混乱状态。工厂侵入了本来幽静的住宅区，工人们住在煤烟笼罩下的煤渣废铁垃圾堆中间。工厂的煤烟臭味或震动和声响侵入了每间卧室，被剥削的工人更被迫着挤住在已极拥挤的屋子里。成年的人业余无处游息，儿童无处游戏，不卫生而拥挤的所谓贫民区就形成了，疾病罪恶遂由其中产生。因为分区不适当（或竟不分区），道路又无系统，此致大多数的工人每日须耗费大量的时间、精力、财力，来往奔驰于居住地与工作地之间。（伦敦800万人口之中，每七人中有一人是将其余六人及其产品由一处运到另一处为职业的。那是一个惊人的人力物力的大消耗！）更加比原有街道不适用于现代车辆的速度与量度，车辆拥挤，车祸频仍，这都是我们前车之鉴。

我们新民主主义的中国正在开始工业化，工农的生活和福利当然是我们的第一个目标。但是他们生活福利所寄托的体形环境，是一个极其复杂繁难的问题，必须及早计划。体形环境一旦建立起来，若发现错误需要矫正，不唯繁难而且在财力上是极其耗费的。我们必须避免一失足成千古恨的错误。目前虽是军事时期，但是跟着来的就是长久的建设时期。此时开始培养技术人才并不太早。高教会对这方面须早注意，以促成我们城市乡村体形环境之建立与改善。

清华大学工学院营建学系课程草案

建筑组课程分类表

甲、文化及社会背景（市镇体形计划组同）

国文，英文，社会学，经济学，体形环境与社会，欧美建筑史，中国建筑史，欧美绘塑史，中国绘塑史。

乙、科学及工程

物理，微积分，力学，材料力学，测量，工程材料学，建筑结构，房屋建造，钢筋混凝土，房屋机械设备，工场实习（五年制）。

丙、表现技术（市镇体形计划组同）

建筑画，投影画，素描，水彩，雕塑。

丁、设计理论

视觉与图案，建筑图案概论。

市镇计划概论，专题讲演。

戊、综合研究

建筑图案，现状调查，业务，论文（即专题研究）。

己、选修课程（见另表）

市镇体形计划组课程分类表

甲、文化及社会背景（同建筑组）（略）

乙、科学及工程

物理，微积分，力学，材料力学，测量，工程材料学，工程地质学，市政卫生工程，道路工程，自然地理。

丙、表现技术（同建筑组）（略）

丁、设计理论及基础社会科学

视觉与图案，建筑图案概论，市镇计划概论，市镇计划技术，乡村社会学，都市社会学，市政管理，专题讲演。

戊、综合研究

建筑图案（二年），市镇图案（二年），现状调查业务，论文（即专题研究）。

己、选修课程（见另表）

假使一个大学拟设立营建学院，除上列建筑及市镇计划两组，即个别自成建筑学系及市乡计划学系外，其余三系课程略如下面所拟：

造园学系课程分类表

甲、文化及社会背景

国文，英文，经济学，社会，体形环境与社会，欧美建筑史，欧美绘塑史，中国建筑史，中国绘塑史。

乙、科学及工程

物理，生物，化学，力学，材料力学，测量，工程材料，造园工程（地面及地下泄水，道路，排水等）。

丙、表现技术

建筑画，投影画，素描，水彩，雕塑。

丁、设计理论

视觉与图案，造园概论，园艺学，种植资料，专题讲演。

戊、综合研究

建筑图案，造园图案，业务，论文（专题研究）。

工业艺术系课程分类表

甲、文化及社会背景

国文，英文，经济学，社会，体形环境与社会，欧美建筑史，欧美绘塑史，中国建筑史，中国绘塑史。

乙、科学与工程

物理，化学，工程化学，微积分，力学，材料力学。

丙、表现技术

建筑画，投影画，素描，水彩，雕塑木刻。

丁、设计理论

视觉与图案，心理学，彩色学。

戊、综合研究

工业图案（日用品，家具，车船，服装，纺织品，陶器），工业艺术实习。

建筑工程学系课程分类表

甲、文化及社会背景

国文，英文。经济学，体形环境与社会。欧美建筑史，中国建筑史。

乙、科学及工程

物理，工程化学，微积分，微分方程。力学，材料力学，工程材料学，工程地质。结构学，结构设计，房屋建造，材料实验，高等结构学，高等结构设计。钢筋混凝土，土壤力学，基础工程，测量。

丙、表现技术

建筑画，投影画，素描，水彩。

建筑图案（一年）。

丁、设计理论

建筑图案概论，专题讲演，业务。

选修课程表

政治学，心理学，八学分。人口问题，六学分。房屋声学与照明，二学分。庭园学，一学分。雕饰学，一学分。水彩（五）（六），二学分。雕饰（三）（四），二学分。住宅问题，二学分。工程地质，三学分。考古学，六学分。中国通史，六学分。社会调查，三学分。

四年制营建学系课程、时数、学分表

一年级（建筑组、市镇体形计划组共同）

英文，六学分。国文，六学分。环境与社会，二学分。物理，六学分。微积分，八学分。力学，三学分。建筑画，一学分。投影画，四学分。素描，四学分。预级图案，二学分。

二年级（两组共同）

社会学，六学分。经济学，四学分。材料力学，六学分。工程材料，三学分。测量，二学分。素描（三）（四），三学分。水彩（一）（二），四学分。建筑设计概论，一学分。视觉与图案，一学分。初级图案，六学分。

建筑组三年级

欧美建筑史，中国建筑史，四学分。房屋机械设备的结构学，六学分。水彩（三）（四），二学分。市镇计划概论，二学分。中级图案，八学分。选修，四~八学分。

建筑组四年级

中国绘塑史，欧美绘塑史，四学分。房屋建造，钢筋混凝土，四学分。雕塑（一）（二），二学分。专题讲演，一学

拙匠随笔

分。高级图案，业务，论文，十四学分。选修，四～八学分。

市镇组三年级

欧美建筑史，中国建筑史，四学分。工程地质学，卫生工程（或道路工程），六学分。自然地理，八学分。水彩（三）（四），二学分。市镇计划概论，市镇计划技术，四学分。初级市镇图案，八学分。选修，四～八学分。

市镇组四年级

中国绘塑史，欧美绘塑史，四学分。道路工程（或卫生工程），三学分。雕塑（一）（二），二学分。都市社会学，四学分。乡村社会学，二学分。市镇管理，四学分。专题讲演，一学分。高级市镇图案，十学分。业务，二学分。论文，二学分。选修，四～八学分。

五年制营建学系课程、时数、学分表

一年级（两组共同）

英文，六学分。国文，六学分。环境与社会，四学分。物理，六学分。工场实习，十学分。素描（一）（二），四学分。建筑画，一学分。

二年级（两组共同）

社会学，六学分。微积分，八学分。力学，三学分。

测量，二学分。建筑画，一学分。投影画，四学分。素描（三）（四），四学分。视觉与图案，一学分。预级图案，二学分。

建筑组三年级

经济学，四学分。欧美建筑史，四学分。材料力学，三学分。工程材料，三学分。水彩（一）（二），四学分。建筑设计概论，一学分。初级图案，六学分。选修，八学分。

建筑组四年级

中国建筑史，三学分。欧美绘塑史，二学分。结构学，六学分。房屋机械设备，二学分。水彩（三）（四），二学分。市镇计划概论，二学分。中级图案，八学分。选修，八学分。

建筑组五年级

中国绘塑史，二学分。房屋建造，四学分。钢筋混凝土，四学分。专题讲演，高级图案，十学分。业务，二学分。论文，二学分。选修，八学分。

市镇组三年级

经济学，四学分。欧美建筑史，四学分。材料力学，三学分。工程材料，三学分。工程地质学，三学分。水彩（一）（二），四学分。建筑设计概论，一学分。初级图

拙匠随笔

案，六学分。选修，八学分。

市镇组四年级

欧美绘塑史，二学分。中国建筑史，二学分。自然地理，八学分。卫生工程，三学分。水彩（三）（四），二学分。雕塑（一）（二），二学分。市镇计划概论，二学分。市镇计划技术，二学分。初级市镇图案，八学分。选修，四学分。

市镇组五年级

中国绘塑史，二学分。道路工程，二学分。都市社会学，三学分。乡村社会学，三学分。市政管理，四学分。专题讲演，一学分。高级市镇图案，十学分。业务，二学分。论文，二学分。选修，四学分。

致彭真信——关于人民英雄纪念碑的设计问题 *

彭市长：

　　都市计划委员会设计组最近所绘人民英雄纪念碑草图三种，因我在病中，未能先做慎重讨论，就已匆匆送呈，至以为歉。现在发现那几份图缺点甚多，谨将管见补谏。

　　以我对于建筑工程和美学的一点认识，将它分析如下。

　　这次三份图样，除用几种不同的方法处理碑的上端外，最显著的部分就是将大平台加高，下面开三个门洞（图一）。

　　如此高大矗立的，石造的，有极大重量的大碑，底下不是脚踏实地的基座，而是空虚的三个大洞，大大违反了结构常理。虽然在技术上并不是不能做，但在视觉上太缺乏安全

---

　　* 此信系根据梁思成保存的两封不完整的手稿整理的，最后呈彭真的正式信函可能有些许修改。——林洙注

感，缺乏"永垂不朽"的品质，太不妥当了。我认为这是万万做不得的。这是这份图样最严重、最基本的缺点。

在这种问题上，我们古代的匠师是考虑得无微不至的。北京的鼓楼和钟楼就是两个卓越的例子。它们两个相距不远，在南北中轴线上一前一后鱼贯排列着。鼓楼是一个横放的形体，上部是木构楼屋，下部是雄厚的砖筑。因为上部呈现轻巧，所以下面开圆券门洞。但在券洞之上，却有足够高度的"额头"压住，以保持安全感。钟楼的上部是发券砖筑，比较呈现沉重，所以下面用更高厚的台，高高耸起，下面只开一个比例上更小的券洞。它们一横一直，互相衬托出对方的优点，配合得恰到好处（图二）。

但是我们最近送上的图样，无论在整个形体上，台的高度和开洞的做法上，与天安门及中华门的配合上，都有许多缺点。

（1）天安门是广场上最主要的建筑物，但是人民英雄纪念碑却是一座新的，同等重要的建筑；它们两个都是中华人民共和国第一重要的象征性建筑物。因此，两者绝不宜用任何类似的形体，又像是重复，而又没有相互衬托的作用（图三）。天安门是在雄厚的横亘的台上横列着的，本身是玲珑的木构殿楼。所以英雄纪念碑就必须用另一种完全不同的形体；矗立峋峙，坚实，根基稳固地立在地上（图四）。若把它浮放在有门洞的基台上，实在显得不稳定，不自然。

由下面两图中可以看出，与天安门对比之下，下图（图三）的英雄纪念碑显得十分渺小，纤弱，它的高台仅是天安门台座的具体而微，很不庄严。同时两个相似的高台，相对地削减了天安门台座的庄严印象。而下图（图四）的英雄碑，碑座高而不太大，碑身平地突出，挺拔而不纤弱，可以更好地与庞大、龙盘虎踞、横列着的天安门互相辉映，衬托出对方和自身的伟大。

（2）天安门广场现在仅宽100公尺，即使将来东西墙拆除，马路加宽，在马路以外建造楼房，其间宽度至多亦难超过

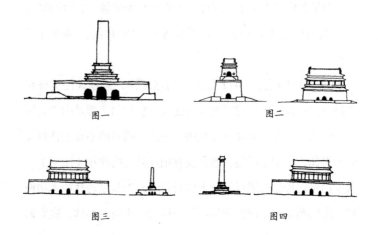

图一

图二

图三

图四

一百五六十公尺左右。在这宽度之中，塞入长宽约40余公尺，高约六七公尺的大台子，就等于塞入了一座约略可容一千人的礼堂的体积，将使广场窒息，使人觉得这大台子是被硬塞进这个空间的，有硬使广场透不出气的感觉。

（3）这个台的高度和体积使碑显得瘦小了。碑是主题，台是衬托，衬托部分过大，主题就吃亏了。而且因透视的关系，在离台二三十公尺以内，只见大台上突出一个纤瘦的碑的上半段（图五）。所以在比例上，碑身之下，直接承托碑身的部分只能用一个高而不大的碑座，外围再加一个近于扁平的台子（为瞻仰敬礼而来的人们而设置的部分），使碑基向四周舒展出去，同广场上的石路面相衔接（图六）。

（4）天安门台座下面开的门洞与一个普通的城门洞相似，是必要的交通孔道。比例上台大洞小，十分稳定。碑台四面空无阻碍，不唯可以绕行，而且我们所要的是人民大众在四周瞻仰。无端端开三个洞窟，在实用上既无必需；在结构上又不合理；比例上台小洞大，"额头"太单薄；在视觉上使碑身飘浮不稳定，实在没有存在的理由。

总之，人民英雄纪念碑是不宜放在高台上的，而高台之下尤不宜开洞。

至于碑身，改为一个没有顶的碑形，也有许多应考虑之点。传统的习惯，碑身总是一块整石（图七）。这个英雄碑因碑身之高大，必须用几百块石头砌成。它是一种类似塔形的纪念性建筑物，若做成碑形，它将成为一块拼凑而成的"百衲碑"（图八），很不庄严，给人的印象很不舒服。关于此点，在一次的讨论会中我曾申述过，张奚若、老舍、钟灵，以及若干位先生都表示赞同。所以我认为做成碑形不合适，而应该是老老实实的多块砌成的一种纪念性建筑物的形体。因此，顶部很重要。我很赞成注意顶部的交代。可惜这三份草图的上部样

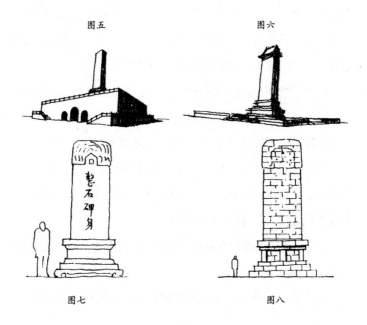

图五　　　　　　　　　　图六

图七　　　　　　　　　　图八

　　　　　　　　　　　　　　拙匠随笔

式都不能令人满意。我愿在这上面努力一次，再草拟几种图样奉呈。

薛子正秘书长曾谈到碑的四面各用一块整石，4块合成，这固然不是绝对办不到，但我们不妨先打一下算盘。前后两块，以长18公尺，宽6公尺，厚1公尺计算，每块重约215吨；两侧的两块，宽4公尺，各重约137吨。我们没有适当的运输工具，就是铁路车皮也仅载重50吨。到了城区，4块石头要用上等的人力兽力，每日移动数十公尺，将长时间堵塞交通，经过的地方，街面全部损坏，必……①

无论如何，这次图样实太欠成熟，缺点太多，必须多予考虑。英雄碑本身之重要和它所占地点之冲要都非同小可。我以对国家和人民无限的忠心，对英雄们无限的敬仰，不能不汗流浃背，战战兢兢地要它千妥万帖才放胆做去。

　　此致

敬礼

梁思成

1951年8月29日

① 原稿如此。——左川注

致车金铭信——关于湖光阁设计方案的建议 *

车专员①:

    我两次到湛江,都承热情接待,并惠贻土产手工艺品,感荷殊深。日前接来示并湖光阁设计方案,知道湛郊风景胜地正在进行建设,很高兴。为了把风景区建设好,极愿献一得之见。我也许有过于坦率唐突之处,请原谅。

    一、从艺术造型方面来说,一座建筑物,特别是风景区的"观赏建筑",首先要考虑与环境(自然的和人造的环境)

---

    * 1964年车金铭致函梁思成,征求对湖光阁设计方案意见,此信是作者的复信,信原存方案设计者——湛江建筑设计室工程师李剑寒处。1972年李退休时交湛江市建筑设计院原总建筑师陈德让保存。1994年初,陈德让将此信寄《世界建筑》主编曾昭奋。以《关于湖光阁设计方案的一封信》为题在《世界建筑》1994年第3期上首次发表。——左川注

    ① 车专员,指车金铭(?—1982年),时任湛江地区专员公署副专员。——左川注

                                                      拙匠随笔

协调。关于莫秀英^①墓环境的具体情况，我已记不清楚，因此我基本上已被剥夺了发言权。

二、在艺术造型上，类似这样不高不矮的楼阁，也许长方形平面比正方形的比较容易处理。是否可以改为长方形平面？

三、从实用方面考虑，除了长方形可能更适用外，还要考虑这阁上或阁下的平地上是否准备使游人可以小坐品茶，观赏风景。因此，是否需要一些附属建筑，如廊、榭之类，其中可附设小卖部、茶座、茶炉、厕所等等。这些附属建筑可与阁构成一个小组群，在构图上有高低、主从，由远处望过来，可使整个轮廓线的形象更丰富一些。略如图一。

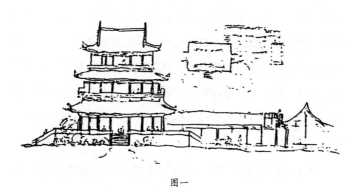

图一

---

① 莫秀英，陈济棠将军（曾任两广宣慰使，国民党中常委）夫人，1948年病逝后葬于湛江湖光岩山顶。——左川注

四、就两个方案的立面图来说，除上面建议改为长方形外，请考虑是否可做如下一些修改？

（a）给予较显著的地方风格。从总体轮廓到梁柱等构件的处理上看，这两个方案基本上采用了北方（特别是北京清朝官式样式）建筑风格。事实上，我国建筑一方面有其共同的民族特征，但同时各地又有其不同的地方风格。一般地说，南方建筑比北方的灵巧，柱、梁都比较瘦细、挺秀，屋角翘起较多。两个方案柱、梁的尺寸、比例，屋角的翘起，以及额枋上还采用故宫三大殿上额枋的装饰花纹，这些都没有什么广东味道。至于各层所用栏杆，不仅是宫廷气味重，而且都是石栏杆，由于材料的特征所形成的形式，用在高处显得笨重，和它所处的位置不相称，应使接近木栏的比例，以免沉重之感。建议设计的同志多看些当地的传统建筑，推敲一下它们的形象和艺术处理的手法，最好还注意材料、结构对这些艺术手法的影响，抓住它的风格的特征，然后结合钢筋混凝土的性能，做出恰好的形式。因此——

（b）可以把柱、梁、额枋等等构件做得略瘦一些。只要瘦一点就可以使阁显得挺拔轻盈，要避免给人以笨重的印象。例如各层檐下的柱径与柱高之比，按图上量，约为1:10；若酌缩为1:11或1:12，就更近南方味。又如最上层柱头与柱头之间用双重额枋，那是宫殿上的做法，图上额枋不但比例肥短、双重，而且两重距离又近，就显得更加龙钟了。

（c）油漆的颜色和图案花纹也有其地方风格和阶级、等第的特征。宫殿、庙宇多借重色彩以显示其等第。在北方，由于冬季一片枯黄惨淡的灰色，所以一般房屋也用些色彩；而在园林风景区，更需要一些鲜艳的颜色，赋予建筑物一些生气。但在南方，四季常青，百花不谢，就无须使建筑的颜色与之争妍。南方民居和园林建筑一向沿用朴素淡雅的色调，是有其原因的。在炎热的暑天，过分鲜艳的色彩只能使人烦躁。桂林七星岩山岩上有一座大红柱子的亭子，远望十分刺目。我们这方案上没有注明颜色。在这问题上要十分注意，桂林七星岩的红柱应视作我们的前车之鉴。

至于这两个方案，我冒昧地提出下面几点具体建议。

（d）将正方形平面改为长方形，因为正方形一般比较难于处理，也不太适合于使用。此外并增加一些附属建筑，如上文所述。

（e）将须弥座台基简化为简单的方形石基，加宽一些，也许还可以加高一些。将宫殿式的栏杆改为砖砌透孔的女儿墙。台基的梯步坡度应较室内楼梯坡度缓和，可做成每步13厘米×32厘米或12厘米×33厘米。

（f）除上文所说加长柱高与柱径之比例外，下层柱的绝对尺寸也可以加高一些。中层、上层的柱高则相对地递减。

（g）上两层周围的栏杆不要采用宫殿石栏杆的形式，不要做高大的望柱头，而要近似木栏杆的比例，略如图二。

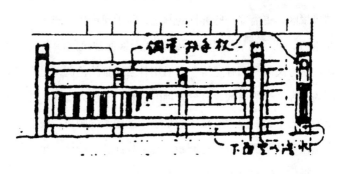

图二

至于最上一层，建议把栏杆就安在柱与柱之间，不必在外环绕。在方案图上，只有约25厘米，还不到一只脚长度，根本不能站人。

（h）内部和门窗也要注意民族和地方风格。楼梯栏杆可与外露台栏杆采取相似的形式。

（i）所有一切构件要避免"锋利"的棱角，如▨，最好将角抹去一些，使断面成▨形，以免僵硬冷酷之感。这虽是

拙匠随笔

细节，却是我国建筑和家具的很重要的（但很少受到注意的）特征。在这一点上，建议设计的同志们去一些古建筑和老式桌椅上去细致地看看，最好还用手去摸摸，便能体会这种细致微妙的处理对于视觉上的作用。

（j）要注意绿化的民族风格。这一点前年①已谈过。不赘。

总之，我建议设计同志们在学习西方现代化的结构技术的同志②，要多向当地民间建筑（由大型建筑到农村住宅）学习。我多少感觉到设计同志可能用了我30多年前著的《清式营造则例》做参考。假使当真用了，我就不能辞其咎了。那是清代"官式"建筑的"则例"，用在南方或者用在"不摆官架子"的建筑上是不恰当的。我们这座阁要做得更富于地方风格和民间气息，要给人以亲切感，要平易近人，要摆脱那种堂哉皇哉摆架子的模样。

前年我去广西容县看到经略台真武阁。容县离湛江不过200公里，可算是同一地区。现在将拙著③一份送上，聊供参

---

① 前年，指1961年在湛江召开的中国建筑学会第三次代表大会。——左川注

② 原文如此，疑为"时"。——左川注

③ 见《梁思成全集》中《广西容县真武阁的"杠杆结构"》。——左川注

考。不忖冒昧，略抒管见，错误之处，尚祈指正。

　　此致

敬礼

梁思成

1964年3月22日

　　　　　　　　　　　　　　　拙匠随笔

闲话文物建筑的重修与维护 *

　　今年3月，有机会随同文化部的几位领导同志以及茅以升先生重访阔别30年的赵州桥，还到同样阔别30年的正定去转了一圈。地方，是旧地重游；两地的文物建筑，却真有点像旧雨重逢了。对这些历史胜地、千年文物来说，30年仅似白驹过隙；但对我们这一代人来说，这却是变化多么大——天翻地覆的30年呀！这些文物建筑在这30年的前半遭受到令人痛心的摧残、破坏，但在这30年的后半——更准确地说，在这30年的后10年，也和祖国的大地和人民一道，翻了身，获得了新的"生命"。其中有许多已经更加健康、壮实，而且也显得"年轻"了。它们都将延年益寿，作为中华民族历史文化的最辉煌的典范继续发出光芒，受到我们子子孙孙的敬仰。我们全国的文物

---

　　* 本文原载《文物》1964年第7期。——左川注

工作者在党和政府的领导下，在文物建筑的维护和重修方面取得的成就是巨大的。

30年前，当我初次到赵县测绘久闻大名的赵州大石桥——安济桥的时候，兴奋和敬佩之余，看见它那危在旦夕的龙钟残疾老态，又不禁为之黯然怅惘。临走真是不放心，生怕一别即成永诀。当时，也曾为它试拟过重修方案。当然，在那时候，什么方案都无非是纸上谈兵、空中楼阁而已。

解放后，不但欣悉名桥也熬过了苦难的日子，而且也经受住了革命战火的考验；更可喜，不久，重修工作开始了；它被列入全国重点文物保护单位的行列。《小放牛》里歌颂的"玉石栏杆"，在河底污泥中埋没了几百年后，重见天日了。古桥已经返老还童。我们这次还重验了重修图纸，检查了现状。谁敢说它不能继续雄跨洨河再一个1300年！

正定隆兴寺也得到了重修。大觉六师殿的瓦砾堆已经清除，转轮藏和慈氏阁都焕然一新了。整洁的伽蓝与30年前相比，更似天上人间。

在取得这些成就的同时，作为新中国的文物工作者，我们是否已经做得十全十美了呢？当然我们不会那样狂妄自大。我们完全知道，我们还是有不少缺点的。我们的工作还刚刚开始，还缺乏成熟的经验。怎样把我们的工作进一步提高？这值

　　　　　　　　　　　拙匠随笔

得我们认真钻研。不揣冒昧，在下面提出几个问题和管见，希望抛砖引玉。

整旧如旧与焕然一新

古来无数建筑物的重修碑记都以"焕然一新"这样的形容词来描绘重修的效果，这是有其必然的原因的。首先，在思想要求方面，古建筑从来没有被看作金石书画那样的艺术品，人们并不像尊重殷周铜器上的一片绿锈或者唐宋书画上的苍黯的斑渍那样去欣赏大自然在一些殿阁楼台上留下的烙印。其次是技术方面的要求，一座建筑物重修起来主要是要坚实屹立，继续承受岁月风雨的考验，结构上的要求是首要的。至于木结构上的油饰彩画，除了保护木材，需要更新外，还因剥脱部分，若只片片补画，将更显寒伧。若补画部分模仿原有部分的古香古色，不出数载，则新补部分便成漆黑一团。大自然对于油漆颜色的化学、物理作用是难以在巨大的建筑物上模拟仿制的。因此，重修的结果就必然是焕然一新了。"七七"事变以前，我曾跟随杨廷宝先生在北京试做过少量的修缮工作，当时就琢磨过这问题，最后还是采取了"焕然一新"的老办法。这已是将近30年前的事了，但直至今天，我还是认为把一座古文物建筑修得焕然一新，犹如把一些周鼎汉镜用擦铜油擦得油光晶亮一样，将严重损害到它的历史、艺术价值。这也是一个形式与内容的问题。我们究竟应该怎样处理？有哪些技术问题需要解决？很值得深入地研究一下。

在砖石建筑的重修上，也存在着这问题。但在技术上，我认为是比较容易处理的。在赵州桥的重修中，这方面没有得到足够的重视，这不能说不是一个遗憾。

我认为在重修具有历史、艺术价值的文物建筑中，一般应以"整旧如旧"为我们的原则。这在重修木结构时可能有很多技术上的困难，但在重修砖石结构时，就比较少些。

就赵州桥而论，重修以前，在结构上，由于28道并列的券向两侧倾离，只剩下23道了，而其中西面的3道，还是明末重修时换上的。当中的20道，有些石块已经破裂或者风化；全桥真是危乎殆哉。但在外表形象上，即使是明末补砌的部分，都呈现苍老的面貌，石质则一般还很坚实。两端桥墩的石面也大致如此。这些石块大小都不尽相同，砌缝有些参嵯，再加上千百年岁月留下的痕迹，赋予这桥一种与它的高龄相适应的"面貌"，表现了它特有的"品格"和"个性"。作为一座古建筑，它的历史性和艺术性之表现，是和这种"品格""个性""面貌"分不开的。

在这次重修中，要保存这桥外表的饱经风霜的外貌是完全可以办到的。它的有利条件之一是桥券的结构采用了我国发券方法的一个古老传统，在主券之上加了缴背（亦称伏）一层。我们既然把这层缴背改为一道钢筋混凝土拱，承受了上面的荷载，同时也起了搭牵住下面28道平行并列的单券的作用，则表面完全可以用原来券面的旧石贴面。即使旧券石有少数要更换，也可以用桥身他处拆下的旧石代替，或者就在旧券石之间，用新石"打"几个"补丁"，使整座桥恢复"健康"、坚固，但不在面貌上"还童""年轻"。今天我们所见的赵州桥，在形象上绝不给人以高龄1300岁的印象，而像是今天新造的桥——形与神不相称。这不能不说是美中不足。

与此对比，山东济南市去年在柳埠重修的唐代观音寺（九塔寺）塔是比较成功的。这座小塔已经很残破了。但在重修时，山东的同志们采取了"整旧如旧"的原则。旧的部分除了从内部结构上加固，或者把外面走动部分"归安"之外，尽可能不改，也不换料。补修部分，则用旧砖补砌，基本上保持了这座塔的"品格"和"个性"，给人以"老当益壮"，而不是"还童"的印象。我们应该祝贺山东的同志们的成功，并表示敬意。

一切经过试验

在九塔寺塔的重修中，还有一个好经验，值得我们效法。

9个小塔都已残破，没有一个塔刹存在。山东同志们在正式施工以前，在地面、在塔上，先用砖干摆，从各个角度观摩，看了改，改了看，直到满意才定案，正式安砌上去。这样的精神值得我们学习。

诚然，9座小塔都是极小的东西，做试验很容易；像赵州桥那样庞大的结构，做试验就很难了。但在赵县却有一个最有利的条件。西门外金代建造的永通桥（也是全国重点保护文物），真是"天造地设"的"试验室"。假使在重修大桥以前，先用这座小桥试做，从中吸取经验教训，那么，现在大桥上的一些缺点，也许就可以避免了。

毛主席指示我们"一切要通过试验"，在文物建筑修缮工作中，我们尤其应该牢牢记住。

拙匠随笔

古为今用与文物保护

我们保护文物，无例外地都是为了古为今用，但用之之道，则各有不同。

有些本来就是纯粹的艺术作品，如书画、造像等，在古代就只作观赏（或膜拜，但膜拜也是"观赏"的一种形式）之用；今用也只供观赏。在建筑中，许多石窟、碑碣、经幢和不可登临的实心塔，如北京的天宁寺塔、妙应寺白塔，赵县柏林寺塔等属于此类。有些本来有些实际用处，但今天不用，而只供观赏的，如殷周鼎爵、汉镜、带钩之类。在建筑中，正定隆兴寺的全部殿、阁，北京天坛祈年殿、皇穹宇等属于此类。当然，这一类建筑，今天若硬要给它"分配"一些实际用途，固然未尝不可，但一般说来，是难以适应今天的任何实际需要的功能的。就是北京故宫，尽管被利用为博物馆，但绝不是符合现代博物馆的要求的博物馆。但从另一角度说，故宫整个组群本身却是更主要的被"展览"的文物。上面所列举的若干类文物和建筑之为今用，应该说主要是为供观赏之用。当然我们还对它进行科学研究。

另外还有一类文物，本身虽古，具有重要的历史、艺术价值，但直至今天，还具有重要实用价值的。全国无数的古代桥梁是这一类中最突出的实例。虽然许多园林中也有许多纯粹为点缀风景的桥，但在横跨河流的交通孔道上的桥，主要的乃至唯一的目的就是交通。赵县西门外永通桥，尽管已残破歪扭，但就在我们在那里视察的不到一小时的时间内，就有五六辆载重汽车和更多的大车从上面经过。重修以前的安济桥也是经常负荷着沉重的交通流量的。

而现在呢，崭新的桥已被"封锁"起来了。虽然旁边另建了一道便桥，但行人车马仍感不便。其实在重修以前，这座大石桥，和今天西门外的小石桥一样，还是经受着沉重的负荷的。现在既然"脱胎换骨"，十分健壮，理应能更好地为交通服务。假使为了慎重起见，可使载重汽车载重兽力车绕行便桥，一般行人、自行车、小型骡马车、牲畜、小汽车等，还是可以通行的。桥不是只供观赏的。重修之后，古桥仍须为今用——同时发挥它作为文物建筑和作为交通桥梁的双重的，既是精神的，又是物质的作用。当然在保护方面，二者之间有矛盾。负责保管这桥的同志只能妥筹办法，而不能因噎废食。

文物建筑不同于其他文物，其中大多在作为文物而受到特殊保护之同时，还要被恰当地利用。应当按每一座或每一组群的具体情况拟订具体的使用和保护办法，还应当教育群众和文

拙匠随笔

物建筑的使用者尊重、爱护。

涂脂抹粉与输血打针

几千年的历史给我们留下了大量的文物建筑。国务院在1961年已经公布了第一批全国重点文物保护单位。在我国几千年历史中，文物建筑第一次真正受到政府的重视和保护。每年国家预算都拨出巨款为修缮、保管文物建筑之用。即使在遭受连年自然灾害的情况下，文物建筑之修缮保管工作仍得到不小的款额。这对我们是莫大的鼓舞。这些钱从我们手中花出去，每一分钱都是工人、农民同志的汗水的结晶，每一分钱都应该花得"铛铛"地响，——把钢用在刀刃上。

问题在于，在文物建筑的重修与维护中，特别是在我国目前经济情况下，什么是"刀刃"？"刀刃"在哪里？

我们从历代祖先继承下来的建筑遗产是一份珍贵的文化遗产，但同时也是一个分量不轻的"包袱"。它们绝大部分都是已经没有什么实用价值的东西；它们主要的甚至唯一的价值就是历史或者艺术价值。它们大多数是几千几百年的老建筑；有砖石建筑、有木构房屋；有些还比较硬朗、结实，有些则"风烛残年"，危在旦夕。对它们进行维修，需要相当大的财力、物力。而在人力方面，按比例说，一般都比新建要投入大得多的工作和时间。我们的主观愿望是把有价值的文物建筑全部修好。但"百废俱兴"是不可能的。除了少数重点如赵县大石桥、北京故宫、敦煌莫高窟等能得到较多的"照顾"外，其他都要排队，分别轻重缓急，逐一处理。但同时又须意识到，这里面有许多都是危在旦夕的"病号"，必须准备"急诊"、随时抢救。抢救需要"打强心针""输血"，使"病号""苟延残喘"，稳定"病情"，以待进一步恢复"健康"。对一般的砖石建筑来说，除去残破严重的大跨度发券结构（如重修前的赵县大石桥和目前的小石桥）外，一般都是"慢性病"，多少还可以"带病延年"，急需抢救的不多。但木构架建筑，主要构材（如梁、柱）和结构关键（如脊或檩）的开始蛀蚀腐朽，如不及时"治疗"，"病情"就会迅速发展，很快就"病入膏肓"，救治就越来越困难了。无论我们修缮文物建筑的经费有多少，必然会少于需要的款额或材料、人力的。这种分别轻重缓急、排队逐一处理的情况都将长期存在。因此，各地文物保管部门的重要工作之一就在及时发现这一类急需抢救的建筑和它们"病症"的关键，及时抢修，防止其继续破坏下去，去把它稳定下来，如同输血、打强心针一样，而不应该"涂脂抹粉"，做表面文章。

正定隆兴寺除了重修了转轮藏和慈氏阁之外，还清除了大觉六师殿遗址的瓦砾堆，将原来的殿基和青石佛坛清理出来，全寺环境整洁，这是很好的。但摩尼殿的木构柱梁（过去虽曾一度重修）有许多已损坏到岌岌可危的程度，戒坛也够资格列入"危险建筑"之列了。此外，正定城内还有若干处急需保护以免继续破坏下去的文物建筑。今年度正定分到的维修费是不太多的，理应精打细算，尽可能地做些"输血""打针"的抢救工作。但我们所了解到的却是以经费中很大部分去做修补大觉六师殿殿基和佛坛的石作。这是一个对于文物建筑的概念和保护修缮的基本原则的问题。古埃及、古希腊、古罗马的建筑遗物绝大多数是残破不全的，修缮工作只限于把倾倒坍塌的原石归安本位，而绝不应为添制新的部分。即使有时由于结构的必需而"打"少数"补丁"，亦仅是由于维持某些部分使不致拼不拢或者搭不起来，不得已而为之。大觉六师殿殿基是一个残存的殿基，而且也只是一个残存的殿基。它不同于转轮藏和慈氏阁，丝毫没有修补或再加工的必要。在这里，可以说钢是没有用在刀刃上了。这样的做法，我期期以为不可，实在不敢赞同。

正定城内很值得我们注意的是开元寺钟楼。许多位同志都认为这座钟楼，除了它上层屋顶外，全部主要构架和下檐都是唐代结构。这是一座很不惹人注意的小楼。我们很有条件参照下檐斗拱和檐部结构，并参考一些壁画和实物，给这座小楼恢复一个唐代样式屋顶，在一定程度上恢复它的本来面目。以我们所掌握的对唐代建筑的知识，肯定能够取得"虽不中亦不远矣"的效果，总比现在的样子好得多。估计这项工程所费不大，是一项"事半功倍"的值得做的好事。同时，我们也可以借此进行一次试验，为将来复修或恢复其他唐代建筑的工作取得一点经验。我很同意同志们的这些意见和建议。这座钟楼虽然不是需要"输血打针"的"重病号"，但也可以算是值得"用钢"的"刀刃"吧。

红花还要绿叶托

一切建筑都不是脱离了环境而孤立存在的东西。它也许是一座秀丽的楼阁，也许是一座挺拔的宝塔，也许是平铺一片的纺织厂，也许是4根、6根大烟囱并立的现代化热电站，但都不能"独善其身"。对人们的生活，对城乡的面貌，它们莫不对环境发生一定影响；同时，也莫不受到环境的影响。在文物建筑的保管、维护工作中，这是一个必须予以考虑的方面。文化部规定文物建筑应有划定的保管范围，这是完全必要的。对于划定范围的具体考虑，我想补充几点。除了应有足够的范围，便于保管外，还应首先考虑到观赏的距离和角度问题。范围不可太小，必须给观赏者可以从至少一个角度或两三个角度看见建筑物全貌的足够距离，其中包括便于画家和摄影家绘画、摄影的若干最好的角度。

其次是绿化问题。文物建筑一般最好都有些绿化的环境。但绿化和观赏可能发生矛盾，甚至对建筑物的保护也可能发生矛盾。去年到蓟县看见独乐寺观音阁周围种树离阁太近了，而且种了三四排之多。这些树长大后不仅妨碍观赏，而且树枝会和阁身"打架"，几十年后还可能挤坏建筑；树根还可能伤害建筑物的基础。因此，绿化应进行设计：大树要离建筑物远些，要考虑将来成长后树形与建筑物体形的协调；近处如有必要，只宜种些灌木，如丁香、刺梅之类。

残破低矮的建筑遗址，有些是需要一些绿化来衬托衬托的，但也不可一概而论。正定隆兴寺北半部已有若干棵老树，但南半部大觉六师殿址周围就显得秃了些。六师殿址前后若各有一对松柏一类的大树，就会更好些。殿址之北，摩尼殿前的东西配殿遗址，现在用柏树篱一周围起，就使人根本看不到殿址了。这里若用树篱，最好只种三面，正面要敞开，如同3扇屏风，将殿基残址衬托出来。

绿化如同其他艺术一样，也有民族形式问题。我国传统的绿化形式一般都采取自然形式。西方将树木剪成各种几何形体的办法，一般是难与我国环境协调，枯燥无味的。但我们也不应一概拒绝，例如在摩尼殿前配殿基址就可以用剪齐的树屏风。但有些在地面上用树木花草摆成几何图案，我是不敢赞同的。

有若无，实若虚，大智若愚

在重修文物建筑时，我们所做的部分，特别是在不得已的情况下，我们加上去的部分，它们在文物建筑本身面前，应该采取什么样的态度，是我们应该正确认识的问题。这和前面所谈"整旧如旧"事实上是同一问题。

游故宫博物院书画馆的游人无不痛恨乾隆皇帝。无论什么唐、宋、元、明的最珍贵的真迹上，他都要题上冗长的歪诗，打上他那"乾隆御览之宝""古稀天子之宝"的图章。他应被判为一名破坏文物的罪在不赦的罪犯。他在爱惜文物的外衣上，拼命地表现自己。我们今天重修文物建筑时，可不要犯他的错误。

前一两年曾见到龙门奉先寺的保护方案，可以借来说明我

拙匠随笔

的一些看法。

奉先寺卢舍那佛一组大像原来是有木构楼阁保护的，但不知从什么时候起（推测甚至可能从会昌灭法时），就已经被毁。一组大像露天危坐已经好几百年，已经成为人们脑子里对于龙门石窟的最主要的印象了。但今天，我们不能让这组中国雕刻史中最重要的杰作之一继续被大自然损蚀下去，必须设法保护，不使再受日晒雨淋。给它做一些掩盖是必要的。问题在于做什么？和怎样做？

见到的几个方案都采取柱廊的方式。这可能是最恰当的方式。这解决了"做什么"的问题。

至于怎样做，许多方案都采用了粗壮有力的大石柱，上有雕饰的柱头，下有华丽的柱础；柱上有相当雄厚的檐子。给人的印象略似北京人民大会堂的柱廊。唐朝的奉先寺装上了今天常见的大礼堂或大剧院的门面！这不仅"喧宾夺主"，使人们看不见卢舍那佛的组像，而且改变了龙门的整个气氛。我们正在进行伟大的社会主义建设，在建设中我们的确应该把中国人民的伟大气概表达出来。但这应该表现在长江大桥上，在包钢、武钢上，在天安门广场、长安街、人民大会堂、革命历史博物馆上，而不应该表现在龙门奉先寺上。在这里，新中国的伟大气概要表现在尊重这些文物、突出这些文物。我们所做的一切维修部分，在文物跟前应当表现得十分谦虚，只做小小"配角"，要努力做到"无形中"把"主角"更好地衬托出来，绝不应该喧宾夺主影响主角地位。这就是我们伟大气概的伟大的表现。

在古代文物的修缮中，我们所做的最好能做到"有若无，实若虚，大智若愚"，那就是我们最恰当的表现了。

解放以来，负责保管和维修文物建筑的同志们已经做了很多出色的工作，积累了很多经验，而我自己在具体设计和施工方面却一点也没有做。这次到赵县、正定走马观花一下，回来就大发谬论，累牍盈篇，求全责备，吹毛求疵，实在是荒唐狂妄至极。只好借杨大年一首诗来为自己开脱。诗曰：

鲍老当筵笑郭郎，笑他舞袖太郎当；
若教鲍老当筵舞，定比郎当舞袖长！

拙匠随笔

国家新闻出版广电总局
首届向全国推荐中华优秀传统文化普及图书

‖ 大家小书书目

国学救亡讲演录　　　　　　章太炎　著　蒙　木　编
门外文谈　　　　　　　　　　鲁　迅　著
经典常谈　　　　　　　　　　朱自清　著
语言与文化　　　　　　　　　罗常培　著
习坎庸言校正　　　　　　　　罗　庸　著　杜志勇　校注
鸭池十讲（增订本）　　　　　罗　庸　著　杜志勇　编订
古代汉语常识　　　　　　　　王　力　著
国学概论新编　　　　　　　　谭正璧　编著
文言尺牍入门　　　　　　　　谭正璧　著
日用交谊尺牍　　　　　　　　谭正璧　著
敦煌学概论　　　　　　　　　姜亮夫　著
训诂简论　　　　　　　　　　陆宗达　著
金石丛话　　　　　　　　　　施蛰存　著
常识　　　　　　　　　　　　周有光　著　叶　芳　编
文言津逮　　　　　　　　　　张中行　著
经学常谈　　　　　　　　　　屈守元　著
国学讲演录　　　　　　　　　程应镠　著
英语学习　　　　　　　　　　李赋宁　著
中国字典史略　　　　　　　　刘叶秋　著
语文修养　　　　　　　　　　刘叶秋　著
笔祸史谈丛　　　　　　　　　黄　裳　著
古典目录学浅说　　　　　　　来新夏　著
闲谈写对联　　　　　　　　　白化文　著
汉字知识　　　　　　　　　　郭锡良　著
怎样使用标点符号（增订本）　苏培成　著
汉字构型学讲座　　　　　　　王　宁　著

出版说明

　　"大家小书"多是一代大家的经典著作,在还属于手抄的著述年代里,每个字都是经过作者精琢细磨之后所拣选的。为尊重作者写作习惯和遣词风格、尊重语言文字自身发展流变的规律,为读者提供一个可靠的版本;"大家小书"对于已经经典化的作品不进行现代汉语的规范化处理。

　　提请读者特别注意。

北京出版社